高等职业教育园林工程技术专业系列教材

园林工程施工管理实务

主　编　吴立威　徐卫星

副主编　何勇庄　唐　敏

参　编　彭怀贞　潘贺洁　胡　姝　冯　霞　程　晨　胡先祥

王振超　黄　艾　崔广元　张立均　王守福

机械工业出版社

本书以能力本位为基础，突出学习中以人为本的职教理念，通过对园林工程建设项目的生产过程、各阶段的管理内容和施工的特点进行阐述，明确了园林工程项目施工组织与管理的作用。结合园林工程施工工艺流程和园林工程施工组织管理过程的专业知识能力要求，选取园林工程施工招标与投标、园林工程施工组织设计、园林工程施工管理、园林工程竣工验收与养护期管理四个项目为主要内容，分别从知识角度讲解了园林工程施工招标与投标的基本知识、施工投标的程序以及施工投标标书的内容；结合项目讲解了横道图与园林工程进度计划、施工组织设计的编制以及施工平面布置图的绘制方法；从进度控制、质量控制、成本控制、现场管理、安全管理、劳动管理、材料管理和资料管理等方面讲解了园林工程施工管理等主要内容。

本书适合作为高等职业院校园林技术、园林工程、风景园林等专业的教材，也可供中职院校、普通本科院校、社会培训机构的相关专业使用。

本书配有实际项目、企业资料与案例、教学课件等，凡使用本书作为教材的教师可登录机工教育服务网 www.cmpedu.com 下载。

图书在版编目（CIP）数据

园林工程施工管理实务/吴立威，徐卫星主编．—北京：机械工业出版社，2023.5
高等职业教育园林工程技术专业系列教材
ISBN 978-7-111-73043-9

Ⅰ．①园…　Ⅱ．①吴…　②徐…　Ⅲ．①园林-工程施工-施工管理-高等职业教育-教材
Ⅳ．①TU986.3

中国国家版本馆CIP数据核字（2023）第069798号

机械工业出版社（北京市百万庄大街22号　邮政编码100037）
策划编辑：王靖辉　　责任编辑：王靖辉　于伟蓉
责任校对：牟丽英　葛晓慧　　责任印制：刘　媛
北京中科印刷有限公司印刷
2023年7月第1版第1次印刷
184mm×260mm・10.5印张・225千字
标准书号：ISBN 978-7-111-73043-9
定价：37.00元

电话服务　　网络服务
客服电话：010-88361066　　机　工　官　网：www.cmpbook.com
010-88379833　　机　工　官　博：weibo.com/cmp1952
010-68326294　　金　书　网：www.golden-book.com
封底无防伪标均为盗版　　机工教育服务网：www.cmpedu.com

前言 Preface

本书是在《园林工程施工组织与管理》这本教材多年来的使用基础上进行的一次全面整合修订。《园林工程施工组织与管理》自 2008 年出版以来，累计销售约 3 万册，受到读者和培训机构、高职高专院校的好评。2023 年，我们根据“十四五”职业教育规划教材建设实施方案、专业建设和教育教学改革要求，结合职业教育发展需求，对《园林工程施工组织与管理》进行修订，并更名为《园林工程施工管理实务》。

本次修订我们根据推进产教融合，进一步丰富、优化、更新教材数字化资源的建设思路，将实际项目、企业资料和与课程相关的素养内容融入教材，推动教材配套资源和数字教材建设。

园林工程建设是一种独具特点的工程建设，它不仅要满足一般工程建设的使用功能要求，同时还要满足园林造景的要求，要与园林环境密切结合，是一种将自然和各类景观融为一体的工程建设。良好的组织与管理是园林工程顺利进行的必要保证。现今，我国园林工程项目的投资规模越来越大，施工工艺、工序越来越复杂，因此对园林工程施工组织与管理的要求也越来越高。工程项目在开工建设前要切实做好各项准备工作，包括技术准备、生产准备、施工现场准备；工程项目开工之后，工程管理人员应与技术人员密切合作，共同搞好施工中的各项工程组织与管理工作。

本书以能力本位为基础，突出学习中以人为本的职教理念，通过对园林工程建设项目的生产过程、各阶段的管理内容和施工的特点进行阐述，明确了园林工程项目施工组织与管理的作用。结合园林工程施工工艺流程和园林工程施工组织管理过程的专业知识能力要求，选取园林工程施工招标与投标、园林工程施工组织设计、园林工程施工管理、园林工程竣工验收与养护期管理四个项目为主要内容，分别从知识角度讲解了园林工程施工招标投标的基本知识、施工投标的程序以及施工投标标书的内容；结合项目讲解了横道图与园林工程进度计划、施工组织设计的编制以及施工平面布置图的绘制方法；从进度控制、质量控制、成本控制、现场管理、安全管理、劳动管理、材料管理和资料管理等方面讲解了园林工程施工管理等主要内容。本书充分体现任务引领、项目化的课程设计思想，在知识中融入责任意识，在技能中突显劳动精神，将行业、企业标准融入教材中，充分体现了教材设计的职业性、实践性和规范性。

本书由宁波城市职业技术学院吴立威、浙江工商职业技术学院徐卫星任主编，由宁波国际投资咨询有限公司何勇庄、河南林业职业学院唐敏任副主编，参与教材编写的还有彭怀贞、潘贺洁、胡姝、冯霞、程晨、胡先祥、王振超、黄艾、崔广元、张立均、王守福。同时，在编写过程中，宁波城市职业技术学院的领导给予了大力支持，许多兄弟院校的老师也给予了大量帮助，编者还参考了有关的著作和文献资料，在此谨表示衷心的感谢！

由于编者水平有限，书中难免有错误和不妥之处，欢迎广大同行与读者批评指正，并将使用中的意见反馈给我们，以供今后改进。谢谢！

编　者

目录 Contents

前言

课程导入 //1

项目1 园林工程施工招标与投标 //6

任务1.1 熟悉园林工程施工招标投标基本知识 //6

任务1.2 掌握园林工程施工投标的程序 //18

任务1.3 理解园林工程施工投标标书的内容 //24

项目2 园林工程施工组织设计 //31

任务2.1 编制横道图与园林工程进度计划 //31

任务2.2 编制施工组织设计 //38

任务2.3 绘制施工平面布置图 //43

项目3 园林工程施工管理 //50

任务3.0 基本知识 //50

任务3.1 园林工程施工进度控制 //55

任务3.2 园林工程施工质量控制 //69

任务3.3 园林工程施工成本控制 //81

任务3.4 园林工程施工现场管理 //93

任务3.5 园林工程施工安全管理 //106

任务3.6 园林工程施工劳动管理 //116

任务3.7 园林工程施工材料管理 //122

任务3.8 园林工程施工资料管理 //130

项目4 园林工程竣工验收与养护期管理 //146

任务4.1 园林工程竣工验收 //146

任务4.2 园林工程养护期管理 //156

参考文献 //163

课程导入

在市场激烈的竞争中，某园林工程公司通过投标获得了某公园建设项目，为了更好地做好这个作品，园林企业进一步回顾了前期项目招标投标的情况，并结合项目的实施，组织专门团队对项目的施工组织管理进行了全面的分析、策划和安排。

结合园林工程项目的现场分析，可以明确景观的形成、空间的组织、气氛的烘托乃至意境的体现和表达均离不开园林工程的实施。可以说任何在当时被称为新型景观的营造都是以工程技术的不断创新和发展为前提，以园林工程的具体实施为必要保证的。在园林建设活动中，小到花坛、喷泉、亭廊、构架的营造，大到广场、公园、景区的建设，一旦离开了园林工程施工组织与管理，便都成了无稽之谈、无米之炊。良好的组织与管理是园林工程顺利进行的必要保证。现今，我国园林工程项目的投资规模越来越大，施工工艺、工序越来越复杂，因此对园林工程施工组织与管理的要求也越来越高。要写出细致、全面、合理的园林工程施工组织，首先就要求编制人员对园林工程建设有深刻透彻的理解。

1．明确园林工程建设项目的生产过程

园林工程建设项目的生产过程大致可以划分为 4 个阶段，即项目计划立项报批阶段、组织计划及设计阶段、工程建设实施阶段和工程竣工验收阶段。

（1）项目计划立项报批阶段（又称准备阶段或立项计划阶段）

项目计划立项报批阶段的工作是对拟建项目进行勘察、调查、论证、决策，然后初步确定建设地点和规模，通过论证、研究、咨询等工作写出项目可行性报告，编制出项目建设计划任务书，报主管部门论证审核，送建设所在地的建设部门批准后再纳入正式的年度建设计划。工程项目建设计划任务书是工程项目建设的前提和重要的指导性文件。工程项目建设计划任务书要明确的主要内容包括：工程建设单位、工程建设的性质、工程建设的类别、工程建设单位负责人、工程的建设地点、工程建设的依据、工程建设的规模、工程建设的内容、工程建设完成的期限、工程的投资概算、效益评估、与各方的协作关系，以及文物保护、环境保护与生态建设、道路交通等方面问题的解决计划等。

（2）组织计划及设计阶段

工程设计文件是组织工程建设施工的基础，也是具体工作的指导性文件。具体讲，就是根据已经批准纳入年度建设计划的工程项目建设计划任务书的内容，由园林工程建设组织部门、设计部门进行必要的组织和设计工作。园林工程建设的组织和设计一般实行两段设计制度：一是进行工程建设项目的具体勘察、初步设计，并据此编制设计概算；二是在此基础上，再进行施工图设计。在进行施工图设计时，不得改变计划任务书及初步设计中已确定的工程建设性质、建设规模和概算等。

（3）工程建设实施阶段

一旦设计完成并确定了施工企业后，施工单位应根据建设单位提供的相关资料和设计图，以及调查掌握的施工现场条件和各种施工资源（人力、物资、材料、交通等）状况，结合本企业的特点，做好施工图预算和施工组织设计的编制等工作。此外，施工单位还要认真做好各项施工前的准备工作，严格按照施工图、工程合同以及工程质量、进度、安全等要求做好施工生产的安排，科学组织施工，认真搞好施工现场的组织管理，确保工程质量、进度、安全，提高工程建设的综合效益。

（4）工程竣工验收阶段

园林工程建设完成后，立即进入工程竣工验收阶段。施工单位要在现场实施阶段的后期就进行竣工验收的准备工作，并对完工的工程项目组织有关人员进行内部自检，发现问题及时纠正补充，力求达到设计、合同要求。工程竣工后，应尽快召集有关单位和部门，根据设计要求和工程施工技术验收规范，进行正式的竣工验收。在对竣工验收中提出的一些问题进行及时纠正、补充后，即可办理竣工交工与交付使用等手续。

2. 理解园林工程项目施工各阶段的管理内容

（1）准备阶段的管理内容

项目在开工建设前要切实做好各项准备工作，包括技术准备、生产准备、施工现场准备。

（2）建设实施阶段的管理内容

工程项目开工之后，工程管理人员应与技术人员密切合作，共同搞好施工中的管理工作，即工程管理、质量管理、安全管理、成本管理及劳务管理。

1）工程管理。开工后，工程现场行使自主的工程管理。工程进度是工程管理的重要指标，因此应在满足经济施工和质量要求下，求得切实可行的最佳工期。为保证如期完成工程项目，应编制出符合上述要求的施工计划，包括合理的施工顺序、作业时间和作业均衡表、成本等。

2）质量管理。确定施工现场作业标准量，测定和分析这些数据，把相应的数据填入图表中并加以运用，即进行质量管理。有关管理人员及技术人员要正确掌握质量标准，根据质量管理图进行质量检查及生产管理，确保质量稳定。

3）安全管理。在施工现场成立相关的安全管理组织，制订安全管理计划以便有效地实施安全管理。严格按照各工程的操作规范进行操作，并应经常对工人进行安全教育。

4）成本管理。城市园林绿地建设工程是公共事业，必须提高成本意识。成本管理不是追逐利润的手段，利润应是成本管理的结果。

5）劳务管理。劳务管理应包括招聘合同手续、劳动伤害保险、支付工资能力、劳务人员的生活管理等。

（3）竣工验收阶段的管理内容

竣工验收阶段是建设工程的最后一环，其包括以下4项主要内容：

1）竣工验收的范围。根据国家现行规定，所有建设项目按照上级批准的设计文件所规定的内容和施工图的要求全部建成。

2）竣工验收的准备工作。主要有整理技术资料、绘制竣工图（应符合归档要求）、编制竣工决算。

3）组织项目验收。工程项目全部完工后，经过单项验收，符合设计要求，并具备竣工图表、竣工决算、工程总结等必要的文件资料，由项目主管单位向负责验收的单位提出竣工验收申请报告，由验收单位组织相关人员进行审查、验收，做出评价，对不合格的工程则不予验收，对工程的遗留问题应提出具体意见，限期完成。

4）项目验收合格后确定对外开放日期。

（4）建设项目后评价阶段的管理内容

建设项目的后评价是工程项目竣工并使用一段时间后，再对立项决策、设计施工、竣工使用等全工程进行系统评价的一项技术经济活动。目前我国建设项目的后评价一般按3个层次组织实施，即项目单位的自我评价、行业评价、主要投资方或各级计划部门的评价。

3. 掌握园林工程项目施工的特点

园林工程建设是一种独具特点的工程建设，它不仅要满足一般工程建设的使用功能要求，同时还要满足园林造景的要求，要与园林环境密切结合，是一种将自然和各类景观融为一体的工程建设。园林工程建设这些特殊的要求决定了园林工程施工的特点。

（1）园林工程施工现场复杂多样

园林工程施工现场复杂多样致使园林工程施工的准备工作比一般工程更为复杂。我国的园林工程大多建设在城镇，或者在自然景色较好的山水之中，因城镇地理位置的特殊性和大部分山水地形的复杂多变性，园林工程施工场地多处于特殊复杂的场地条件之上，这给园林工程施工提出了更高的要求。因此在施工过程中，要重视工程施工场地的科学布置，尽量减少工程施工用地，减少施工对周围居民生活生产的影响。各项准备工作完全充分，才能确保各项施工手段的运用。

（2）施工工艺要求标准高

园林工程集植物造景、建设造景艺术于一体的特点决定了园林工程施工工艺的高标准要求。园林工程除满足一般使用功能外，更主要的是要满足造景的需要。要建成具有游览、观赏功能，既能改进人们生活环境，又能改善生态环境的精品园林的工程，就必须用高水平的施工工艺。因此，园林工程施工工艺总是比一般工程的施工工艺复杂，要求标准也高。

（3）园林工程的施工技术复杂

园林工程尤其是仿古园林建筑工程，因其复杂性而对施工管理人员和技术人员的施工技术要求很高。而作为艺术精品的园林工程的施工人员，不仅要有一般工程施工的技术水平，同时还要具有较高的艺术修养并使之落实到具体的施工过程中。以植物造景为主的园林工程施工人员更应掌握大量的树木、花卉、草坪的知识和施工技术。没有较高的施工技术很难达到园林工程的设计要求。

（4）园林工程施工的专业性强

园林工程的内容繁多，但是各种工程的专业性极强，因此施工人员的专业性要求也高。不仅园林工程建筑设施和构件中亭、榭、廊等建筑的内容复杂各异，专业性要求极高，现代园林工程中的各类点缀小品的建筑施工也具有各自不同的专业要求，就是常见的假山、叠石、水景、园路、栽植播种等工程，施工的专业性也是很强的。这些都要求施工管理和技术人员，必须具备一定的专业知识和独特的施工技艺。

（5）园林工程施工的协作性要求高

园林工程的大规模化和综合性特点，要求各类型、各工种高度配合和协作。现代园林工程日益的大规模化发展趋势和集园林绿化、社会、生态、环境、休闲、娱乐、游览于一体的综合性建设目标的要求，使得园林工程的大规模化和综合性特点更加突出，因此其建设施工涉及众多工程类别和工种技术。同一工程项目的施工，往往要由不同的施工单位和不同工种的技术人员相互配合、协作才能完成，而各施工单位和各工种的技术差异一般又比较大，相互配合协作有一定的难度。这就要求园林工程的施工人员不仅需要掌握自己专门的施工技术，同时还必须有相当高的配合协作精神和方法，这样才能真正搞好施工工作。复杂的园林工程中，各工种在施工中对各工序的要求相当严格，这又要求同一工种内各工序施工人员的统一协调，相互监督制约，以保证施工正常进行。

4. 明确园林工程项目施工组织与管理的作用

现代园林工程施工组织与管理，是对已经完成的计划、设计两个阶段的工程项目的具体实施，即园林工程施工企业在获取某园林工程施工建设权利以后，按照工程计划、设计和建设单位要求，根据工程施工过程的要求，结合施工企业自身条件和以往建设的经验，采取规范的工程施工程序、先进科学的工程施工技术和现代科学管理手段，进行组织设计、施工准备、现场施工管理、竣工验收、交付使用和园林植物的修剪、造型及养护管理等一系列工作的总称。园林工程的管理已由过去的单一实施阶段的现场管理发展为现阶段的综合意义上的实施阶段所有管理活动的概括与总结。

随着社会的发展、科技的进步、经济的强大，人们对园林艺术品的要求也日益增强，而园林艺术品的产生是靠园林工程建设完成的。园林工程建设主要通过新建、扩建、改建和重建一些工程项目，特别是新建和扩建工程项目，以及与其有关的工作来实现。园林工程建设施工是完成园林工程建设的重要活动，其作用可以概括如下：

1）园林工程建设施工是园林工程建设计划、设计得以实施的根本保证。任何理想的园林工程项目计划，再先进科学的园林工程设计，其目的都必须通过现代园林工程施工企业的科学施工，才能得以实现，否则就成为一纸空文。

2）园林工程建设施工是园林工程施工建设水平得以不断提高的实践基础。一切理论来自实践，来自最广泛的生产活动实践，园林工程建设的理论只能来自于工程建设施工的实践过程之中，而园林工程施工的管理过程，就是发现施工中存在的问题，解决存在的问题，总结、提高园林工程建设施工水平的过程。它是不断提高园林工程建设施工理论、技术的基础。

3）园林工程建设施工是提高园林艺术水平和创造园林艺术精品的主要途径。园林艺术的产生、发展和提高的过程，实际上就是园林工程管理不断地发展、提高的过程。只有把学习、研究、发掘历代园林艺匠精湛的施工技术和巧妙的手工工艺与现代科学技术和管理手段相结合，并运用于现代园林工程建设施工过程之中，才能创造出符合时代要求的现代园林艺术精品。

4）园林工程建设施工是锻炼、培养现代园林工程建设施工队伍的基础。无论是我国园林工程施工队伍自身发展的要求，还是要为适应经济全球化，使我国的园林工程建设施工企业走出国门、走向世界，都要求努力培养一支新型的现代园林工程建设施工队伍。这与我国现阶段园林工程建设施工队伍的现状相差甚远。要改变这一现象，无论是对这方面理论人才的培养，还是施工队伍的培养都离不开园林工程建设施工的实践过程这一基础活动。只有通过园林工程施工的基础性锻炼，才能培养出想得到、做得出的园林工程建设施工人才和施工队伍，创造出更多的艺术精品。也只有力争走出国门，通过国外园林工程建设施工实践，才能锻炼出符合各国园林要求的园林工程建设施工队伍。

项目 1 园林工程施工招标与投标

任务目标： 本项目任务主要包括熟悉园林工程施工招标投标基本知识，掌握园林工程施工投标的程序，理解园林工程施工投标标书的内容。通过本项目的学习，让学生能结合园林工程招标投标知识，参与到园林工程招标投标实际项目的实践中，掌握园林工程施工投标文件的编制和工程合同的编写技能。

核心知识与能力： 园林工程施工招标投标的程序和投标文件的编制

任务 1.1 熟悉园林工程施工招标投标基本知识

招标投标是在市场经济条件下进行工程建设、货物买卖、财产出租、中介服务等经济活动的一种竞争形式和交易方式，是引入竞争机制订立合同（契约）的一种法律形式，它是指招标人对工程建设、货物买卖、劳务承担等交易业务，事先公布选择分派的条件和要求，招引他人承接，然后若干投标人做出愿意参加业务承接竞争的意思表示，招标人按照规定的程序和办法择优选定中标人的活动。按照我国有关规定，招标投标的标的，即招标投标有关各方当事人权利和义务所共同指向的对象，包括工程、货物、劳务等。

招标与投标是一种商品交易行为，是交易过程的两个方面。在整个招标投标过程中，招标、投标和定标（决标）是三个主要阶段，其中定标是核心环节。园林工程招标，是指招标人（建设单位、业主）将其拟发包的内容、要求等对外公布，招引和邀请多家单位参与承包工程建设任务的竞争，以便择优选择承包单位的活动；园林工程投标是指投标人（承包商）

愿意按照招标人规定的条件承包工程，编制投标标书，提出工程造价、工期、施工方案和保证工程质量的措施，在规定的期限内向招标人投函，请求承包工程建设任务的活动。定标是招标人从若干投标人中选出最后符合条件的投标人来作为中标对象，然后招标人以中标通知书的形式，正式通知投标人已被择优录取。这对于投标人来说就是中标，对招标人来说，就是接受了投标人的标。经过评标择优选中的投标人称为中标人。

我国从 20 世纪 80 年代初开始逐步实行招标投标制度，目前大量的经常性的招标投标业务，主要集中在工程建设、政府采购、设备采购等方向，其中以工程建设为最。实行招标投标制度，其最显著的特征是将竞争机制引入了交易过程，与采用供求双方“一对一”直接交易方式等非竞争性的交易方式相比，具有明显的优越性。

1.1.1 理解工程项目招标应具备的条件

为了建立和维护正常的建设工程招标程序，在建设工程招标程序正式开始前，招标人必须完成必要的准备工作，以满足招标所需要的条件，这些条件包括建设单位的资质能力条件和拟建工程项目的施工准备条件。

1．建设单位的资质能力条件

对建设工程招标人的招标资质要求，主要有：

1）招标人必须有与招标工程相适应的技术、经济、管理人员。

2）招标人必须有编制招标条件和标底，审查投标人投标资格，组织开标、评标、定标的能力。

3）招标人必须设立专门的招标组织，招标组织形式上可以是基建处（办、科）、筹建处（办）、指挥部等。

凡符合上述要求的，经招标投标管理机构审查合格后发给招标组织资质证书，招标人不符合上述要求，未持有招标组织资质证书的，不得自行组织招标，只能委托具有相应资质的招标代理人代理组织招标。

至于对建设工程招标人招标资质的具体等级划分和各等级的认定标准，目前国家尚无明确规定，各地的规定也都是原则上的，且不统一。根据经验和一般做法，建设工程招标人的招标资质，大致可分为甲级招标资质、乙级招标资质和丙级招标资质三个等级。其中，甲级招标资质是最高等级，具有该资质的招标人可以自行组织任何工程建设项目招标工作。

2．拟建工程项目的施工准备条件

拟建工程项目的法人向其主管部门申请招标前，必须是已完成了一定准备工作，具备了以下招标条件：

1）预算已经被批准。

2）建设项目已正式列人国家部门或地方的年度国家资产投资计划。

3）建设用地的征用工作已经完成。

4）有能够满足施工需要的施工图纸及技术资料。

5）有进行招标项目的建设资金或有确定的资金来源，主要材料、设备的来源已经落实。

6）经过工程项目所在地的规划部门批准，施工现场的“四通一平”已经完成或一并列入施工招标范围。

1.1.2 了解工程项目招标的类型

按工程项目建设程序分类，工程项目建设过程可分为建设前阶段、勘察设计阶段和施工阶段。因此，按工程项目建设程序，招标可分为工程项目开发招标、勘察设计招标和施工招标三种类型。

按工程项目承包的范围分类，可将工程招标划分为项目总承包招标、项目阶段性招标、设计施工招标、工程分承包招标及专项工程承包招标。

按行业类型分类，即按工程建设相关的业务性质分类的方式，可分为土木工程招标、勘察设计招标、材料设备招标、安装工程招标、生产工艺技术转让招标、咨询服务（工程咨询）招标等。

1.1.3 了解工程招标方式

工程招标分为公开招标和邀请招标两种方式。

1．公开招标

公开招标是指招标人以招标公告的方式邀请不特定的法人或者其他组织投标，又称无限竞争性招标。即招标人按照法定程序，通过国家指定的报刊、信息网络或者其他媒介等公共媒体发布招标广告，凡有兴趣并符合广告要求的承包商，不受地域、行业和数量的限制均可以申请投标，经过资格审查合格后，按规定时间参加投标竞争。招标公告应当载明招标人的名称和地址，招标项目的性质、数量、实施地点和时间，以及获取招标文件的办法等事项。

这种招标方式的优点是：业主可以在较广的范围内选择承包单位，投标竞争激烈，择优率更高，有利于业主将工程项目的建设交予可靠的承包商实施，并获得有竞争性的商业报价，同时也可以在较大程度上避免招标活动中的贿标行为。其缺点是：准备招标、对投标申请单位进行资格预审和评标的工作量大，招标时间长、费用高；同时，参加竞争投标者越多，每个参加者中标的机会越小，风险越大，损失的费用越多，而这种费用的损失必然反映在标价上，最终会由招标人承担。

2．邀请招标

邀请招标是指招标人以投标邀请书的方式邀请特定的法人或者其他组织投标，也称有限竞争性招标。采用邀请招标方式的，招标人应当向三家以上具备承担施工招标项目的能力、资信良好的特定的法人或者其他组织发出投标邀请书，就招标工程的内容、工作范围、实施条件等做出简要的说明，请他们来参加投标竞争。被邀请单位同意参加投标后，从招标人处获取招标文件，并在规定时间内投标报价。

邀请招标的邀请对象数量以 5 ～ 10 家为宜，但不应少于 3 家，否则就失去了竞争意义。与公开招标相比，其优点是不发招标广告，不进行资格预审，简化了投标程序，因此节约了招标费用，缩短了招标时间；其缺点是投标竞争的激烈程度较差，有可能提高中标的合同价，也有可能排除了某些在技术上或报价上有竞争力的承包商参与投标。

1.1.4 理解工程项目招标程序

工程项目招标程序一般可分为三个阶段：一是招标准备阶段，二是招标投标阶段，三是定标成交阶段，其每个阶段具体步骤见图 1-1。

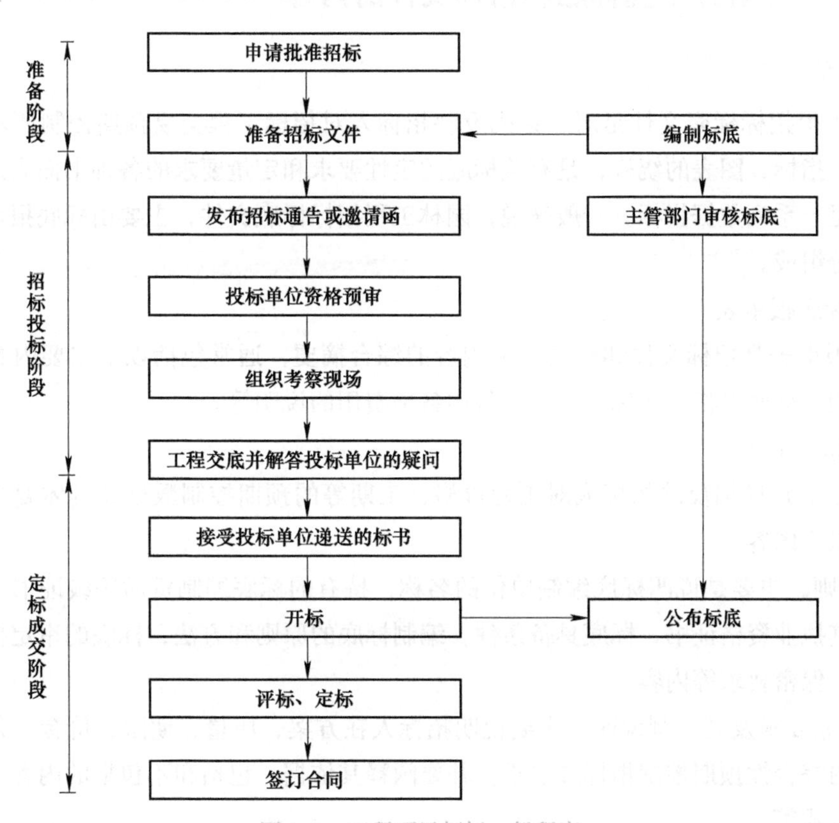

图 1-1 工程项目招标一般程序

1.1.5 了解招标代理工作

招标代理机构应当在招标人委托的范围内承担招标事宜。招标代理机构可以在其资格等级范围内承担下列招标事宜：

1）拟订招标方案，编制和出售招标文件、资格预审文件。

2）审查投标人资格。

3）编制标底。

4）组织投标人踏勘现场。

5）组织开标、评标，协助招标人定标。

6）草拟合同。

7）招标人委托的其他事项。

招标代理机构不得无权代理、越权代理，不得明知委托事项违法而进行代理。

招标代理机构不得在所代理的招标项目中投标或者代理投标，也不得为所代理的招标项目的投标人提供咨询；未经招标人同意，不得转让招标代理业务。

1.1.6 理解并掌握标底和招标文件的内容

1. 园林工程招标标底文件的组成

园林工程招标标底文件是对一系列反映招标人对招标工程交易预期控制要求的文字说明、数据、指标、图表的统称，是有关标底的定性要求和定量要求的各种书面表达形式。其核心内容是一系列数据指标。一般来说，园林工程招标标底文件，主要由标底报审表和标底正文两部分组成。

（1）标底报审表

标底报审表是招标文件和标底正文内容的综合摘要，通常包括以下主要内容：招标工程综合说明、标底价格、招标工程总造价中各项费用的说明等。

（2）标底正文

标底正文是详细反映招标人对工程价格、工期等的预期控制数据和具体要求的部分。一般包括以下内容：

1）总则。主要是说明标底编制单位的名称、持有的标底编制资质等级证书，标底编制的人员及其执业资格证书，标底具备条件，编制标底的原则和方法，标底的审定机构，对标底的封存、保密要求等内容。

2）标底要求及其编制说明。主要说明招标人在方案、质量、期限、价金、方法、措施等诸方面的综合性预期控制指标或要求，并要阐释其依据、包括和不包括的内容、各有关费用的计算方式等。

在标底编制说明中，要特别注意对标底价格的计算说明。对标底价格的计算说明，一般需要阐明以下几个问题：①关于工程量清单的使用及其内容；②关于工程量的结算；③关于标底价格的计价方式和采用的货币等。

3）施工方案及现场条件。主要说明施工方法给定条件、工程建设地点现场条件、临时设施布置及临时用地等。

2．园林工程招标文件的组成

园林工程招标文件是由一系列有关招标方面的说明性文件资料组成的，包括各种旨在阐释招标人意志的书面文字、图表、电子表格、电报、传真、电传等材料。一般来说，招标文件在形式上的构成，主要包括正式文本、对正式文本的解释和对正式文本的修改三个部分。

1）招标文件正式文本。其形式结构通常分卷、章、条目，格式见表1-1。

2）对招标文件正式文本的解释（澄清）。其形式主要是书面答复、投标预备会记录等。投标人如果认为招标文件有问题需要澄清，应在收到招标文件后以文字、电传、传真或电报等书面形式向招标人提出，招标人将以文字、电传、传真或电报等书面形式或以投标预备会的方式给予解答。解答包括对询问的解释，但不说明询问来源。解答意见经招标投标管理机构核准，由招标人送给所有获得招标文件的投标人。

表1-1 招标文件格式

工程招标文件
第一卷 投标须知、合同条件和合同格式
第一章 投标须知
第二章 合同条件
第三章 合同协议条款
第四章 合同格式
第二卷 技术规范
第五章 技术规范
第三卷 投标文件
第六章 投标书和投标书附录
第七章 工程量清单与报价表
第八章 辅助资料表
第四卷 图纸
第九章 图纸

3）对招标文件正式文本的修改。其主要形式是补充通知、修改书等。在投标截止日期前，招标人可以自己主动对招标文件进行修改，或为解答投标人要求澄清的问题而对招标文件进行修改。修改意见经招标投标管理机构核准，由招标人以文字、电传、传真或电报等书面形式发给所有获得招标文件的投标人。对招标文件的修改，也是招标文件的组成部分，对投标人起约束作用。投标人收到修改意见以后应立即以书面形式（回执）通知招标人，确认已收到修改意见。为了给投标人合理的时间，使他们在编制投标文件时将修改意见考虑进去，招标人可以酌情延长递交文件的截止日期。

3．园林建设工程招标文件的编审规则

园林建设工程招标文件由招标人或招标人委托的招标代理人负责编制，由建设工程招标管理机构负责审定。未经建设工程招标投标管理机构审定，建设工程招标人或招标代理人不得将招标文件分送给投标人。

编制和审定建设工程招标文件的原则和方法是一致的。从实践来看，编制和审定建设工程招标文件应当遵循以下规则：

1）遵守法律、法规、规章和有关方针、政策的规定，符合有关贷款组织的合法要求。保证招标文件的合法性，是编制和审定招标文件必须遵循的一个根本原则。不合法的招标文件是无效的，不受法律保护。

2）真实可靠、完整统一、具体明确、诚实信用。招标文件反映的情况和要求，必须真实可靠，讲求信用，不能欺骗或误导投标人。招标人或招标代理人对招标文件的真实性负责。招标文件的内容应当全面系统、完整统一，各部分之间必须力求一致，避免相互矛盾或冲突。招标文件确定的目标和提出的要求，必须具体明确，不能发生歧义、模棱两可。招标文件的形式要规范，要符合格式化要求，不能杂乱无章，使人看了不得要领。

3）适当分标。工程分标是指就工程建设项目全过程（总承包）中的勘察、设计、施工等阶段招标，分别编制招标文件，或者就工程建设项目全过程招标中的单位工程、特殊专业工程分别编制招标文件，或就勘察、设计、施工等阶段招标中的单位工程、特殊专业工程分别编制招标文件。工程分标必须保证工程的完整性、专业性，正确选择分标方案，编制分标工程招标文件，不允许任意肢解工程，一般不能对单位工程再分部、分项招标并编制分部、分项招标文件。属于对单位工程分部、分项单独编制的招标文件，建设工程招标管理机构不予审定认可。

4）兼顾招标人和投标人双方利益。招标文件的规定要公平合理，不能将招标人的风险转移给投标人。

1.1.7 掌握开标、评标、定标的要求与程序

1. 开标

开标由招标人主持，邀请所有的投标人和评标委员会的全体人员参加，招标投标管理机构负责监督，大中型项目也可以请公证机关进行公证。

（1）开标的时间和地点

开标时间应当为招标文件规定的投标截止时间的同一时间；开标地点通常为工程所在地的建设工程交易中心。开标时间和地点应在招标文件中明确规定。

（2）开标会议程序

1）投标人签到。签到记录是投标人是否出席开标会议的证明。

2）招标人主持开标会议。主持人介绍参加开标会议的单位、人员及工程项目的有关情况；宣布开标人员名单、招标文件规定的评标定标办法和标底。

（3）开标过程

1）检验各标书的密封情况。由投标人或其推选的代表检查各标书的密封情况，也可以由公证人员检查并公证。

2）唱标。经检验确认各标书的密封无异常情况后，按投递标书的先后顺序，当众拆封投标文件，宣读投标人名称、投标价格和标书的其他主要内容。投标截止时间前收到的所有投标文件都应当当众予以拆封和宣读。

3）开标过程记录。开标过程应当做好记录，并存档备查。投标人也应做好记录，以收集竞争对手的信息资料。

4）宣布无效的投标文件。开标时，发现有下列情形之一的投标文件时，应当当场宣布其为无效投标文件，不得进入评标。投标文件有下列情形之一的，招标人应当拒收：

① 逾期送达。

② 未按招标文件要求密封。

有下列情形之一的，评标委员会应当否决其投标：

① 投标文件未经投标单位盖章和单位负责人签字。

② 投标联合体没有提交共同投标协议。

③ 投标人不符合国家或者招标文件规定的资格条件。

④ 同一投标人提交两个以上不同的投标文件或者投标报价，但招标文件要求提交备选投标的除外。

⑤ 投标报价低于成本或者高于招标文件设定的最高投标限价。

⑥ 投标文件没有对招标文件的实质性要求和条件做出响应。

⑦ 投标人有串通投标、弄虚作假、行贿等违法行为。

2．评标

（1）评标工作由招标人依法组建的评标委员会负责

1）评标委员会的组成。评标委员会由招标人代表和技术、经济等方面的专家组成。成员数为五人以上的单数，其中招标人或招标代理机构以外的技术、经济等方面的专家不得少于成员总数的三分之二。

2）专家成员名单应从专家库中随机抽取确定。组成评标委员会的专家成员，由招标人从建设行政主管部门的专家名册或其他指定的专家库内的相关专家名单中随机抽取确定。技术特别复杂、专业性要求特别高或国家有特殊要求的招标项目，上述方式确定的专家成员难以胜任的，可以由招标人直接确定。

3）与投标人有利害关系的专家不得进入相关工程的评标委员会。

4）评标委员会的名单一般在开标前确定，定标前应当保密。

（2）评标活动应遵循的原则

1）评标活动应当遵循公平、公正原则。

① 评标委员会应当根据招标文件规定的评标标准和办法进行评标，对投标文件进行系统的评审和比较。没有在招标文件中规定的评标标准和办法，不得作为评标的依据。招标文件规定的评标标准和办法应当合理，不得含有倾向或者排斥潜在投标人的内容，不得妨碍或

者限制投标人之间的竞争。

② 评标过程应当保密。有关标书的审查、澄清、评比和比较的有关资料、授予合同的信息等均不得向无关人员泄露。对于投标人的任何施加影响的行为，都应给予取消其投标资格的处罚。

2）评标活动应当遵循科学、合理的原则。

① 询标，即投标文件的澄清。评标委员会可以书面方式要求投标人对投标文件中含义不明确、对同类问题表述不一致或者有明显文字和计算错误的内容做必要的澄清、说明或补正。评标委员会不得向投标人提出带有暗示性或诱导性的问题，或向其明确投标文件中的遗漏和错误。

② 响应性投标文件中存在错误的修正。评标委员会在对实质上响应招标文件要求的投标进行报价评估时，除招标文件另有约定外，应当按下述原则进行修正：

a. 用数字表示的数额与用文字表示的数额不一致时，以文字数额为准。

b. 单价与工程量的乘积与总价之间不一致时，以单价为准。若单价有明显的小数点错位，应以总价为准，并修改单价。

经修正的投标标书必须经投标人同意才具有约束力。如果投标人对评标委员会按规定进行的修正不同意，则应当视为拒绝投标，投标保证金不予退还。投标文件中没有列入的价格和优惠条件在评标时不予考虑。

3）评标活动应当遵循竞争和择优的原则。

① 评标委员会可以否决全部投标。若评标委员会对各投标文件评审后认为所有投标文件都不符合招标文件要求，可以否决所有投标。

② 有效的投标标书不足三份时不予评标。有效投标不足三个，使得投标明显缺乏竞争性，失去了招标的意义，达不到招标的目的时，本次招标无效，不予评标。

③ 重新招标。有效投标人少于三个或者所有投标被评标委员会否决的，招标人应当依法重新招标。

（3）评标的准备工作

1）认真研究招标文件。通过认真研究，熟悉招标文件中的以下内容：

① 招标的目标。

② 招标项目的范围和性质。

③ 招标文件中规定的主要技术要求、标准和商务条款。

④ 招标文件规定的评标标准、评标方法和在评标过程中考虑的相关因素。

2）招标人向评标委员会提供评标所需的重要信息和数据。

（4）初步评审

初步评审，又称投标文件的符合性鉴定。通过初评，将投标文件分为响应性投标和非响应性投标两大类。响应性投标是指投标文件的内容与招标文件所规定的要求、条件、合同协议条款和规范等相符，无显著差别或保留，并且按照招标文件的规定提交了投标担保的投标；非响应性投标是指投标文件的内容与招标文件的规定有重大偏差，或者是未按招标文件的规定提交担保的投标。通过初步评审，响应性投标可以进入详细评标，而非响应性投标则淘汰出局。初步评审的主要内容有：

1）投标文件排序。评标委员会应当按照投标报价的高低或者招标文件规定的其他方法对投标文件进行排序。

2）废标。下列情况做废标处理：

① 投标人以他人的名义投标、串通投标，以行贿手段或者以其他弄虚作假方式谋取中标的投标。

② 投标人以低于成本报价竞标的。投标人的报价明显低于其他投标报价或标底，使其报价有可能低于成本的，应当要求该投标人做出书面说明并提供相关证明材料。投标人未能提供相关证明材料或不能做出合理解释的，按废标处理。

③ 投标人资格条件不符合国家规定或招标文件要求的。

④ 拒不按照要求对投标文件进行澄清、说明或补正的。

⑤ 未在实质上响应招标文件的投标。评标委员会应当审查每一投标文件，是否对招标文件提出的所有实质性要求做了响应。非响应性投标将被拒绝，并且不允许修改或补充。

3）重大偏差。评标委员会应当根据招标文件，审查并逐项列出投标文件的全部投标偏差，并区分为重大偏差和细微偏差两大类。属于重大偏差的有：

① 没有按照招标文件要求提供投标担保或者所提供的投标担保有瑕疵。

② 投标文件没有投标人授权代表的签字和加盖公章。

③ 投标文件载明的招标项目完成期限超过招标文件规定的期限。

④ 明显不符合技术规范、技术标准的要求。

⑤ 投标文件附有招标人不能接受的条件。

⑥ 不符合招标文件中规定的其他实质性要求。

存在重大偏差的投标文件，属于非响应性投标。

4）细微偏差。细微偏差是指投标文件在实质上响应招标文件的要求，但在个别地方存在漏项或者提供了不完整的技术信息和数据等情况。

① 细微偏差不影响投标文件的有效性。

② 评标委员会应当书面要求存在细微偏差的投标人在评标结束前予以补正。

（5）详细评审

经初步评审合格的投标文件，评标委员会应当根据招标文件规定的评标标准和办法，对其技术部分和商务部分做进一步的评审、比较，即详细评审。详细评审的方法有经评审的最低投标价法、综合评估法和法律法规规定的其他方法。

1）经评审的最低投标价法。采用经评审的最低投标价法时，评标委员会将推荐满足下述条件的投标人为中标候选人：

① 能够满足招标文件的实质性要求，即中标人的投标应当符合招标文件规定的技术要

求和标准。

② 经评审的投标价最低的投标。评标委员会应当根据招标文件规定的评标价格调整方法，对所有投标人的投标报价以及投标文件的商务部分做必要的调整，确定每一投标文件的经评审的投标价。但对技术标无须进行价格折算。

经评审的最低投标价法一般适用于具有通用技术、性能标准的招标项目，或者是招标人对技术、性能没有特殊要求的招标项目。采用经评审的最低投标价法评审完成后，评标委员会应当填制“标价比较表”，编写书面的评标报告，提交给招标人定标。“标价比较表”应载明投标人的投标报价、对商务偏差的价格调整和说明、经评审的最终投标价。

2）综合评估法。综合评估法适用于不宜采用经评审的最低投标价法进行评标的招标项目。其要点如下：

① 综合评估法推荐中标候选人的原则。综合评估法推荐能够最大限度地满足招标文件中规定的各项综合评价标准的投标，作为中标候选人。

② 使各投标文件具有可比性。综合评估法是通过量化各投标文件对招标要求的满足程度，进行评标和选定中标候选人的。评标委员对各个评审因素进行量化时，应当将量化指标建立在同一基础或同一标准上，使各投标文件具有可比性。评标中需量化的因素及其权重应当在招标文件中明确规定。

③ 衡量各投标满足招标要求的程度。综合评估法采用将技术指标折算为货币或者综合评分的方法，分别对技术部分和商务部分进行量化的评审，然后将每一投标文件两部分的量化结果，按照招标文件明确规定的计权方法进行加权，算出每一投标的综合评估价或者综合评估分，并确定中标候选人名单。

④ 综合评估比较表。运用综合评估法完成评标后，评标委员会应当拟定一份“综合评估比较表”，连同书面的评标报告提交给招标人。“综合评估比较表”应当载明投标人的投标报价、所做的任何修正、对商务偏差的调整、对技术偏差的调整、对各评审因素的评估和对每一投标的最终评审结果。

3）备选标的评审。招标文件允许投标人投备选标的，评标委员会可以对中标人的备选标进行评审，并决定是否采纳。不符合中标条件的投标人的备选标不予考虑。

4）划分有多个单项合同的招标项目的评审。对于此类招标项目，招标文件允许投标人为获得整个项目合同而提出优惠的，评标委员会可以对投标人提出的优惠进行审查，并决定是否将招标项目作为一个整体合同授予中标人。整体合同中标人的投标应当是最有利于招标人的投标。

（6）评标报告

评标委员会完成评标后，应当向招标人提交书面评标报告。

1）评标报告的内容。评标报告应如实记载以下内容：基本情况和数据表、评标委员会成员名单、开标记录、符合要求的投标一览表、废标情况说明、评标标准、评标方法或者评标因素一览表、经评审的价格或者评分比较一览表、经评审的投标人排序、推荐的中标候选人名单与签订合同前要处理的事宜，以及澄清、说明、补正事项纪要。

2）中标候选人人数。评标委员会推荐的中标候选人应当限定在1～3人，并标明排列顺序。

3）评标报告由评标委员会全体成员签字。评标委员会应当对下列情况做出书面说明并记录在案：

① 对评标结论有异议的评标委员会成员，可以以书面方式阐述其不同意见和理由。

② 评标委员会成员拒绝在评标报告上签字且不陈述其不同意见和理由的，视为同意评标结论。

3. 定标

定标又称决标，即在评标完成后确定中标人，是业主对满意的合同要约人做出承诺的法律行为。定标时，应当由业主行使决策权。

（1）招标人应当在投标有效期内定标

投标有效期是招标文件规定的从投标截止日起至中标人公布日止的期限。一般不能延长，因为它是确定投标保证金有效期的依据。如有特殊情况确需延长的，应当办理或进行以下手续和工作：

1）报招标投标主管部门备案，延长投标有效期。

2）取得投标人的同意。招标人应当向投标人书面提出延长要求，投标人应做书面答复。投标人不同意延长投标有效期的，视为投标截止前的撤回投标，招标人应当退回其投标保证金。同意延长投标有效期的投标人，不得因此修改投标文件，而应相应延长投标保证金的有效期。

3）除不可抗力原因外，因延长投标有效期造成投标人损失的，招标人应当给予补偿。

（2）定标方式

1）业主自己确定中标人。招标人根据评标委员会提出的书面评标报告，在中标候选人的推荐名单中确定中标人。

2）业主委托评标委员会确定中标人。招标人也可以通过授权委托评标委员会直接确定中标人。

（3）定标原则

中标人的投标应当符合下列二原则之一：

1）中标人的投标，能够最大限度地满足招标文件规定的各项综合评价标准。

2）中标人的投标，能够满足招标文件的实质性要求，并且经评审的投标价格最低，但是低于成本的投标价格除外。

（4）优先确定排名第一的中标候选人为中标人

使用国有资金投资或者国家融资的项目，招标人应当确定排名第一的中标候选人为中标人。排名第一的中标候选人放弃中标，或者因不可抗力提出不能履行合同，或者招标文件规定应当提交履约保证金而在规定期限内未能提交的，招标人可以确定排名第二的中标候选人为中标人；排名第二的中标候选人因同类原因不能签订合同的，招标人可以确定排名第三的中标候选人为中标人。

（5）提交招投标情况书面报告及发出中标通知书

招标人应当自确定中标人之日起 15 日内，向工程所在地县级以上建设行政主管部门提出招标投标情况的书面报告。招标投标情况书面报告的内容包括：

1）招标投标基本情况，包括招标范围、招标方式、资格审查、开标评标过程、定标方式及定标的理由等。

2）相关的文件资料，包括招标公告或投标邀请书、投标报名表、资格预审文件、招标文件、评标报告、标底（可以不设）、中标人的投标文件等。委托代理招标的应附招标代理委托合同。

建设行政主管部门自收到书面报告之日起 5 日内未通知招标人在招标活动中有违法行为的，招标人可以向中标人发出中标通知书，并将中标结果通知所有未中标的投标人。

（6）退回招标文件的押金

公布中标结果后，未中标的投标人应当在公布中标通知书后的 7 天内退回招标文件和相关的图纸资料，同时招标人应当退回未中标投标人的投标文件和发放招标文件时收取的押金。

任务 1.2 掌握园林工程施工投标的程序

园林施工企业的发展需要完成大量工程项目以取得相应的利益来不断发展。为了获得工程项目，企业都会通过各种途径获得工程信息，参与工程竞争以获得经济效益和发展空间，而园林工程招标投标是园林企业获取工程项目的重要途径之一。要参与招标投标，首先应该收集招标投标信息以获得招标文件，然后按照招标文件的要求进行具体园林工程项目的投标事宜。

从投标人的角度看，园林工程投标的一般程序如图 1-2 所示。

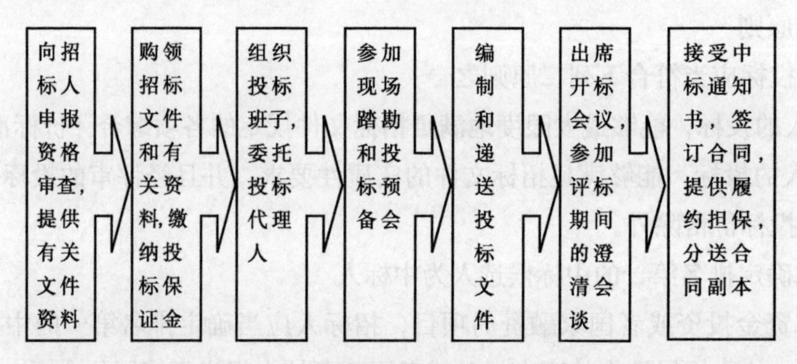

图 1-2 园林工程投标的一般程序

1.2.1 向招标人申报资格审查，提供有关文件资料

投标人在获悉招标公告或投标邀请后，应当按照招标公告或投标邀请书中所提出的资格审查要求，向招标人申报资格审查。资格审查是投标人投标过程中的第一关。

不同的招标方式，对潜在投标人资格审查的时间和要求不一样。例如，在国际工程无限竞争性招标中，通常在投标前进行资格审查，这叫作资格预审，只有资格预审合格的承包商才能参加投标；也有些国际工程无限竞争性招标不在投标前而在开标后进行资格审查，这被称为资格后审。在国际工程有限竞争性招标中，通常是在开标后进行资格审查，并且这种资格审查往往作为评标的一个内容，与评标结合起来进行。

我国建设工程招标中，在允许投标人参加投标前一般都要进行资格审查，但资格审查的具体内容和要求有所区别。公开招标一般要按照招标人编制的资格预审文件进行资格审查。资格预审文件应包括的主要内容有：

1）投标人组织与机构。

2）近 3 年完成工程的情况。

3）目前正在履行的合同情况。

4）过去 2 年经审计过的财务报表。

5）过去 2 年的资金平衡表和负债表。

6）下一年度财务预测报告。

7）施工机械设备情况。

8）各种奖励或处罚资料。

9）与本合同资格预审有关的其他资料。

如是联合体投标应填报联合体每一成员的以上资料。

邀请招标一般是通过对投标人按照投标邀请书的要求提交或出示的有关文件和资料进行验证，确认自己的经验和所掌握的有关投标人的情况是否可靠、有无变化。邀请招标资格审查的主要内容，一般包括：

1）投标人组织与机构，营业执照，资质证书。

2）近 3 年完成工程的情况。

3）目前正在履行的合同情况。

4）资源方面的情况，包括财务、管理、技术、劳力、设备等情况。

5）受奖、罚的情况和其他有关资料。

投标人申报资格审查，应当按招标公告或投标邀请书的要求，向招标人提供有关资料。招标人审查后，应将符合条件的投标人的资格审查资料，报建设工程招标投标管理机构复查。经复查合格的，就具有了参加投标的资格。

1.2.2 购领招标文件和有关资料，缴纳投标保证金

投标人经资格审查合格后，便可向招标人申购招标文件和有关资料，同时要缴纳投标保证金。

投标保证金是为防止投标人对其投标活动不负责任而设定的一种担保形式，是招标文件中要求投标人向招标人缴纳的一定数额的金钱。投标保证金的收取和缴纳办法，应在招标文件中说明，并按招标文件的要求进行。一般来说，投标保证金可以采用现金，也可以采用支票、银行汇票，还可以是银行出具的银行保函。银行保函的格式应符合招标文件提出的格式要求。投标保证金的额度，根据工程投资大小由业主在招标文件中确定。在国际上，投标保证金的数额较高，一般设定为投资总额的1%～5%。而我国的投标保证金数额，则普遍较低。如有的规定最高不超过1000元，有的规定一般不超过5000元，有的规定一般不超过投标总价的2%等。投标保证金有效期到签订合同或提供履约保函为止，通常为3～6个月，一般应超过投标有效期的28天。

1.2.3 组织投标班子，委托投标代理人

投标人通过资格审查、购领了招标文件和有关资料之后，就要按招标文件确定的投标准备时间着手开展各项投标准备工作。投标准备时间是指从开始发放招标文件之日起至投标截止时间为止的期限，它由招标人根据工程项目的具体情况确定，一般在28天之内。而为按时进行投标，并尽最大可能使投标获得成功，投标人在购领招标文件后就需要有一个懂行的投标班子，以便对投标的全部活动进行通盘筹划、多方沟通和有效的组织实施。承包商的投标班子一般都是常设的，但也有针对特定项目临时设立的。

投标人参加投标，是一场激烈的市场竞争。这场竞争不仅比报价的高低，而且比技术、质量、经验、实力、服务和信誉。随着现代科技的快速发展，越来越多的工程是技术密集型项目，这就要求承包商具有先进的科学技术水平和组织管理能力，能够完成高、新、尖、难工程，并有丰厚的利润。因此，承包商组织什么样的投标班子，对投标成败有直接影响。

从实践来看，承包商的投标班子一般应包括下列三类人员：

1）经营管理类人员。这类人员一般是从事工程承包经营管理的行家里手，熟悉工程投标活动的筹划和安排，具有相当的决策水平。

2）专业技术类人员。这类人员是从事各类专业工程技术的人员，如建筑师、监理工程师、结构工程师、造价工程师等。

3）商务金融类人员。这类人员是从事有关金融、贸易、财税、保险、会计、采购、合同、索赔等工作的人员。

投标人如果没有专门的投标班子或有了投标班子还不能满足投标工作的需要，就可以考虑雇佣投标代理人，即在工程所在地区找一个能代表自己利益开展某些投标活动的咨询

中介机构。充当投标代理人的咨询中介机构，通常都很熟悉代理业务，他们拥有一批经济、技术、管理等方面的专家，经常搜集、积累各种信息资料，有较广的社会关系，较强的社会活动能力，在当地有一定的影响，因而能比较全面、快捷地为投标人提供决策所需要的各种服务和信息资料。雇佣代理人是一项十分重要的工作。在某些国家，规定外国承包商必须有代理人才能开展业务，这时选雇投标代理人的意义自不待言。即使在未规定必须有投标代理人的情况下，投标人到一个新的地区去投标，如能选到一个声誉较好的代理人，为自己提供情报、出谋划策、协助编制投标文件等，无疑也是很重要的，将会大大提高中标机会。

投标人委托投标代理人必须签订代理合同，办理有关手续，明确双方的权利和义务关系。投标代理人的一般职责，主要是：

1）向投标人传递并帮助分析招标信息，协助投标人办理并通过招标文件所要求的资格审查。

2）以投标人名义参加招标人组织的有关活动，传递投标人与招标人之间的对话。

3）提供当地物资、劳动力、市场行情及商业活动经验，提供当地有关政策法规咨询服务，协助投标人做好投标标书的编制工作，帮助递交投标文件。

4）在投标人中标时，协助投标人办理各种证件申领手续，做好有关承包工程的准备工作。

5）按照协议的约定收取代理费用。通常，如代理人协助投标人中标的，所收的代理费用会高些，一般为合同总价的 1% ～ 3%。

1.2.4 参加现场踏勘和投标预备会

投标人拿到招标文件后，应进行全面细致的调查研究。若有疑问或不清楚的问题需要招标人予以澄清和解答的，应在收到招标文件后的 7 日内以书面形式向招标人提出。为获取与编制投标文件有关的必要的信息，投标人要按照招标文件中注明的现场踏勘（亦称现场勘察、现场考察）和投标预备会的时间和地点，积极参加现场踏勘和投标预备会。按照国际惯例，投标人递交的投标文件一般被认为是在现场检查、踏勘的基础上编制的。投标标书递交之后，投标人无权因为现场踏勘不周、情况了解不细或因素考虑不全而提出修改投标标书、调整报价或提出补偿等要求。因此，现场踏勘是投标人正式编制、递交投标文件前必须进行的重要的准备工作，投标人必须予以高度重视。

投标人在去现场踏勘之前，应先仔细研究招标文件有关概念的含义和各项要求，特别是招标文件中的工作范围、专用条款以及设计图纸和设计说明等，然后有针对性地拟订出踏勘提纲，确定重点需要澄清和解答的问题，做到心中有数。

投标人参加现场踏勘的费用，由投标人自己承担。招标人一般在招标文件发出后，就着手考虑安排投标人进行现场踏勘等准备工作，并在现场踏勘中对投标人给予必要的协助。

投标人进行现场踏勘，主要确定以下几个方面的内容：

1）工程的范围、性质以及与其他工程之间的关系。

2）投标人参与投标的那一部分工程与其他承包商或分包商之间的关系。

3）现场地貌、地质、水文、气候、交通、电力、水源等情况，有无障碍物等。

4）进出现场的方式，现场附近有无食宿条件，料场开采条件，其他加工条件，设备维修条件等。

5）现场附近治安情况。

投标预备会，又称答疑会、标前会议，一般在现场踏勘之后的1～2天内举行。答疑会的目的是解答投标人对招标文件和在现场踏勘中所提出的各种问题，并对图纸进行交底和解释。

1.2.5 编制和递送投标文件

经过现场踏勘和投标预备会后，投标人可以着手编制投标文件。投标人着手编制和递送投标文件的具体步骤和要求，主要是：

1）结合现场踏勘和投标预备会的结果，进一步分析招标文件。招标文件是编制投标文件的主要依据，因此，必须结合已获取的有关信息认真细致地加以分析研究，特别是要重点研究其中的投标须知、专用条款、设计图纸、工程范围以及工程量表等，要弄清到底有没有特殊要求或有哪些特殊要求。

2）校核招标文件中的工程量清单。投标人是否校核招标文件中的工程量清单或校核得是否准确，直接影响到投标报价和中标机会，因此，投标人应认真对待。通过认真校核工程量，投标人在大体确定了工程总报价之后，估计某些项目可能增加或减少的工程量，就可以相应地提高或降低单价。如发现工程量有重大出入，特别是漏项的，可以找招标人核对，要求招标人认可，并给予书面确认。这对于总价固定合同来说，尤其重要。

3）根据工程类型编制施工规划或施工组织设计。施工规划和施工组织设计都是关于施工方法、施工进度计划的技术经济文件，是指导施工生产全过程组织管理的重要设计文件，是确定施工方案、施工进度计划和进行现场科学管理的主要依据之一。但两者相比，施工规划的深度和范围没有施工组织设计的详尽、精细，施工组织设计的要求比施工规划的要求详细得多，编制起来要比施工规划复杂些。所以，在投标时，投标人一般只要编制施工规划即可，施工组织设计可以在中标以后再编制。这样，就可避免未中标的投标人因编制施工组织设计而造成人力、物力、财力上的浪费。但有时在实践中，招标人为了让投标人更充分地展示实力，常常要求投标人在投标时就要编制施工组织设计。

施工规划或施工组织设计的内容，一般包括施工程序、方案，施工方法，施工进度计划，施工机械、材料、设备的选定和临时生产、生活设施的安排，劳动力计划，以及施工现场平面和空间的布置。施工规划或施工组织设计的编制依据，主要是设计图纸、技术规范，复核了的工程量，招标文件要求的开工、竣工日期，以及对市场材料、机械设备、劳动力价格的调查。编制施工规划或施工组织设计，要在保证工期和工程质量的前提下，尽可能使成本最低、利润最大。具体要求是，根据工程类型编制出最合理的施工程序，选择和确定技术上先进、经济上合理的施工方法，选择最有效的施工设备、施工设施和劳动组织，周密、均衡地安排人力、物力和生产，正确编制施工进度计划，合理布置施工现场的平面和空间。

4）根据工程价格构成进行工程估价，确定利润方针，计算和确定报价。投标报价是投标的一个核心环节，投标人要根据工程价格构成对工程进行合理估价，确定切实可行的利润方针，正确计算和确定投标报价。投标人不得以低于成本的报价竞标。

5）形成、制作投标文件。投标文件应完全按照招标文件的各项要求编制。投标文件应当对招标文件提出的实质性要求和条件做出响应，一般不能带任何附加条件，否则将导致投标无效。投标文件一般应包括以下内容：

① 投标标书。

② 投标标书附录。

③ 投标保证书（银行保函、担保书等）。

④ 法定代表人资格证明书。

⑤ 授权委托书。

⑥ 具有标价的工程量清单和报价表。

⑦ 施工规划或施工组织设计。

⑧ 施工组织机构表，主要工程管理人员人选及其简历、业绩。

⑨ 拟分包的工程和分包商的情况（如有时）。

⑩ 其他必要的附件及资料，如投标保函、承包商营业执照和能确认投标人财产经济状况的银行或其他金融机构的名称及地址等。

6）递送投标文件。递送投标文件，也称递标，是指投标人在招标文件要求提交投标文件的截止时间前，将所有准备好的投标文件密封送达投标地点。招标人收到投标文件后，应当签收保存，不得开启。投标人在递交投标文件以后，投标截止时间之前，可以对所递交的投标文件进行补充、修改或撤回，并书面通知招标人，但所递交的补充、修改或撤回通知必须按招标文件的规定编制、密封和标志。补充、修改的内容为投标文件的组成部分。

1.2.6　出席开标会议，参加评标期间的澄清会谈

投标人在编制、递交了投标文件后，要积极准备出席开标会议。参加开标会议对投标人来说，既是权利也是义务。按照国际惯例，投标人不参加开标会议的，视为弃权，其投标文件将不予启封，不予唱标，不允许参加评标。投标人参加开标会议，要注意其投标文件是否被正确启封、宣读，对于被错误地认定为无效的投标文件或唱标出现的错误，应当

场提出异议。

在评标期间，评标组织要求澄清投标文件中不清楚问题的，投标人应积极予以说明、解释、澄清。澄清招标文件一般可以采用向投标人发出书面询问，由投标人书面做出说明或澄清的方式，也可以采用召开澄清会的方式。澄清会是评标组织为有助于对投标文件的审查、评价和比较，而个别地要求投标人澄清其投标文件（包括单价分析表）而召开的会议。在澄清会上，评标组织有权对投标文件中不清楚的问题，向投标人提出询问。有关澄清的要求和答复，最后均应以书面形式进行。所说明、澄清和确认的问题，经招标人和投标人双方签字后，作为投标标书的组成部分。在澄清会谈中，投标人不得更改标价、工期等实质性内容，开标后和定标前提出的任何修改声明或附加优惠条件，一律不得作为评标的依据。但评标组织按照投标须知规定，对确定为实质上响应招标文件要求的投标文件进行校核时发现的计算上或累计上的计算错误，不在此列。

1.2.7 接受中标通知书，签订合同，提供履约担保，分送合同副本

经评标，投标人被确定为中标人后，应接受招标人发出的中标通知书。未中标的投标人有权要求招标人退还其投标保证金。中标人收到中标通知书后，应在规定的时间和地点与招标人签订合同。在合同正式签订之前，应先将合同草案报招标投标管理机构审查。经审查后，中标人与招标人在规定的期限内签订合同。结构不太复杂的中小型工程一般应在 7 天以内，结构复杂的大型工程一般应在 14 天以内，按照约定的具体时间和地点，根据《合同法》等有关规定，依据招标文件、投标文件的要求和中标的条件签订合同。同时，按照招标文件的要求，提交履约保证金或履约保函，招标人同时退还中标人的投标保证金。中标人如拒绝在规定的时间内提交履约担保和签订合同，招标人报请招标投标管理机构批准同意后取消其中标资格，并按规定不退还其投标保证金，并考虑在其余投标人中重新确定中标人，与之签订合同；或重新招标。中标人与招标人正式签订合同后，应按要求将合同副本分送有关主管部门备案。

任务 1.3 理解园林工程施工投标标书的内容

投标人应当按照招标文件的要求编制投标文件，所编制的投标文件应当对招标文件提出的实质性要求和条件做出响应。

实际工作中，投标文件的组成，应根据工程所在地建设市场的常用文本确定，招标人应在招标文件中做出明确的规定。通常包括商务标和技术标两方面的内容。

1.3.1 商务标编制内容

商务标的格式文本较多，各地都有自己的文本，依据《建设工程工程量清单计价规范》（GB 50500—2013），投标文件的组成应当包括下列各项内容：

1）投标标书及投标标书附录。

2）投标担保或投标银行保函，投标授权委托书。

3）投标总价及工程项目总价表。

4）单项工程费汇总表。

5）单位工程费汇总表。

6）分部分项工程量清单计价表。

7）措施项目清单计价表。

8）其他项目清单计价表。

9）零星工程项目计价表。

10）分部分项工程量清单综合单价分析表。

11）项目措施费分析表和主要材料价格表。

1.3.2 技术标编制内容

技术标的内容要完整，重点要突出。技术标的内容，通常在招标文件中会有明确的规定，但也有由投标企业自行编制的。技术标通常由施工组织设计、项目管理班子配备情况、项目拟分包情况、替代方案及其相应的报价四部分组成，具体内容如下：

1. 施工组织设计

投标前施工组织设计的内容有：主要施工方法、拟在该工程投入的施工机械设备情况、主要施工机械配备计划、劳动力安排计划、确保工程质量的技术组织措施、确保安全生产的技术组织措施、确保工期的技术组织措施、确保文明施工的技术组织措施等，并包括以下附表：

① 拟投入本合同工程的主要施工机械表。

② 拟配备本合同工程的主要材料试验、测量、质检仪器设备表。

③ 劳动力计划表。

④ 计划开、竣工日期和施工进度网络图。

⑤ 施工总平面布置图及临时用地表。

1）主要施工方法是技术标书中的核心内容，它应体现施工企业的施工技术水平及管理能力。首先，要制定出工程的施工流程，施工流程的安排要科学、合理，可操作性强；其次，根据施工流程，制定出详细的施工操作方案，进一步阐述各道程序应掌握的技术要点和注意事项。所表述的内容一定要有针对性，决不能照搬照抄，搞形式主义。

2）施工进度计划通常是以表格的形式加以表达，在表中要具体列出每项内容所需施工的时间，哪些内容的施工可同时进行，或交叉进行。如果没有特殊情况，那么该表所列的时间也就是完成整个工程所需的时间。制作该表时，既要注意听取投资方的意见，也要考虑到客观的施工条件以及实际的工程量，切不可为了一味满足投资方的要求而违背科学和客观可能性地盲目制定。

3）主要施工机械配备计划、劳动力安排计划通常可用文字或表格两种方式表达。所谓主要施工机械配备计划、劳动力安排计划就是根据工程各分项内容的需要，科学地安排劳动力和机械设备。劳动力的配备既不能太多，以免人浮于事，造成劳动力成本增加；也不能过少而影响工期的进展。劳动力配备时还要注意技能的搭配；同样，机械设备也不仅要准备充分，而且要检查其完好及运行状况。只有如此才能保质保量，如期完成向投资方所做出的工期承诺。

4）施工质量的保证措施主要是强调如何从技术和管理两方面来保证工程的质量，通常应包括现场技术管理人员的配备，管理网络，如何做好设计交底，保证按图施工，建立质量检查和验收制度等。

5）安全文明施工技术是关系到人员生命安全，保证招、投标方财产不受损失的一个重要环节，要建立安全管理网络，落实安全责任制，杜绝无证操作现象。施工企业在施工期间，必须严格遵守文明施工的管理条例，根据工程的实际情况，制定相应的文明管理措施，如工地材料堆放整齐，认真搞好施工区域、生活区域的环境卫生，要注意确保工地食品采购渠道的安全可靠等。

施工组织设计是工程施工不可或缺的重要组成部分，是施工单位在施工前期关于该工程应投入的人力、物力、财力以及需要占用时间的合理计划和组织，是该工程实施的纲领性内容。施工组织设计是工程施工的重要组成部分，是工程施工正常进行的重要保证。良好的施工组织设计，体现了施工单位在管理和技术上的实力；有效的施工组织设计，是保证工程质量及进度的前提。

2. 项目管理班子配备情况

项目管理班子配备情况主要包括项目管理班子配备情况表、项目经理简历表、项目技术负责人简历表和项目管理班子配备情况辅助说明等资料。包括以下附图、附表：

① 拟为承包本合同工程设立的组织机构图。

② 拟在本合同工程任职的主要人员简历表。

3. 项目拟分包情况

项目拟分包情况主要包括以下附表：

① 项目拟分包情况表。

② 分包人表，指定分包人表。

4. 替代方案及其相应的报价

替代方案及其相应的报价应包括以下附表：

① 调价公式的近似权重系数表。

② 材料基期价格指数表。

此外，技术标的编制内容还应包括工程质量保证体系、资格预审的更新资料（如果有）或资格后审资料（如系资格后审）。

知识拓展

园林工程承包合同

一、工程承包的概念和内容

1. 工程承包的概念

工程承包是一种商业行为，是市场经济发展到一定程度的产物。其含义是：在建筑产品市场上，作为供应者的建筑企业（即承包人）对作为需求者的建设单位（通称业主，即发包人）做出承诺，负责按对方的要求完成某一工程的全部或其中一部分工作，并按商定的价格取得相应的报酬。在交易过程中，承发包双方之间存在的经济上、法律上的权利义务与责任的各项关系，依法通过合同予以明确。双方都必须认真按合同规定办事。

2. 工程项目承包的内容

一个工程建设项目确定之后，它的整个建设过程可以分为可行性研究、勘察设计、工程施工和竣工验收等阶段。工程承包的内容，就其总体来说，就是建设过程各个阶段的全部工作。对于一个承包单位来说，一项承包活动可以是建设过程的全部工作，也可以是某一阶段的全部或一部分工作。由于承包企业规模、性质不同，具体承包内容也不相同，详细内容见下述承包方式。

二、工程承包方式

工程承包方式是指工程承发包双方之间经济关系的形式。受承包内容和具体环境的影响，承包方式有多种多样。

（一）按承包范围划分承包方式

按工程承包范围即承包内容划分的承包方式，有建设全过程承包、阶段承包、专项承包三种。

1. 建设全过程承包

建设全过程承包也叫“统包”或“一揽子承包”，即通常所说的“交钥匙”。采用这种承包方式，建设单位一般只要提出使用要求和竣工期限，承包单位即可对项目建议书、可行性研究、勘察设计、设备询价与选购、材料订货、工程施工、生产职工培训直至竣工投产，实行全面的总承包，并负责对各项分包任务进行综合管理和监督。为了有利于建设的衔接，必要时也可以吸收建设单位的部分力量，在承包公司的统一组织下，参加工程建设的有关工作。这种承包方式要求承发包双方密切配合，涉及决策性质的重大问题仍应由建设单位或其上级主管部门做最后的决定。这种承包方式主要适用于各种大中型建设项目。其好处是可以积累建设经验和充分利用已有的经验，节约投资，缩短建设周期并保证建设的质量，提高经济效益。当然，也要求承包单位必须具有雄厚的技术、经济实力和丰富的组织管理经验。

2．阶段承包

阶段承包是承包建设过程中某一阶段或某些阶段的工作。例如可行性研究、勘察设计、建筑安装施工等。在施工阶段，还可依承包内容的不同，细分为以下三种方式：

1）包工包料，即承包工程施工所用的全部人工和材料。这是国际上采用较为普遍的施工承包方式。

2）包工部分包料，即承包者只负责提供施工的全部工人和一部分材料，其余部分则由建设单位或总包单位负责供应。

3）包工不包料，即承包人仅提供劳务而不承担供应任何材料的义务。在国内外的建筑工程中都存在这种承包方式。

3．专项承包

某一建设阶段中的某一专门项目，由于专业性较强，多由有关的专业承包单位承包，故称专业承包。例如，可行性研究中的辅助研究项目；勘察设计阶段的工程地质勘察、供水水源勘察，基础或结构工程设计，工艺设计，供电系统、空调系统及防灾系统的设计；建设准备过程中的设备选购和生产技术人员培训；施工阶段的深基础施工、金属结构制作和安装、通风设备的安装和电梯安装等。

（二）按承包者所处地位划分承包方式

在工程承包中，一个建设项目上往往有不止一个承包单位。不同承包单位之间，承包单位与建设单位之间的关系不同，地位不同，也就形成不同的承包方式。

1．总承包

一个建设项目建设全过程或其中某个阶段的全部工作，由一个承包单位负责组织实施，这个承包单位可以将若干个专业性工作交给不同的专业承包单位去完成，并统一协调和监督他们的工作，在一般情况下，业主仅与这个承包单位发生直接关系，而不与各专业承包单位发生直接关系，这样的承包方式叫作总承包。承担这种任务的单位叫作总承包单位，简称“总包”，通常有咨询公司、勘察设计机构、一般土建公司以及设计施工一体化的大建筑公司等。我国新兴的工程承包公司也是总包单位的一种组织形式。

2．分承包

分承包简称“分包”，是相对总承包而言的，即承包者不与建设单位发生直接关系，而是从总承包单位分包某一分项工程（例如土方、模板、钢筋等工程）或某种专业工程（例如钢结构制作和安装、卫生设备安装、电梯安装等工程），在现场由总包统筹安排其活动，并对总包负责。分包单位通常为专业工程公司，例如工业锅炉公司、设备安装公司、装饰工程公司等。

3．独立承包

独立承包是指承包单位依靠自身的力量完成承包的任务，而不实行分包的承包方式。此方式通常仅适用于规模较小，技术要求比较简单的工程以及修缮工程。

4．联合承包

联合承包是相对于独立承包而言的承包方式，即由两个以上承包单位联合起来承包一项工程任务，由参加联合的各单位推荐代表统一与建设单位签订合同，共同对建设单位负责，并协调他们之间的关系。但参加联合的各单位仍是各自独立经营的企业，只是在共同承包的工程项目上，根据预先达成的协议，承担各自的义务和分享共同的收益，包括投入资金数额、工段和管理人员的派遣、机械设备和临时设施的费用分摊、利润的分离以及风险的分担等。这种承包方式由于多家联合，资金雄厚，技术和管理上可以取长补短，发挥各自的优势，有能力承包大规模的工程任务。同时由于多家共同作价，在报价及投标策略上互相交流经验，也有助于提高竞争力，较易中标。

5．直接承包

直接承包就是在同一工程项目上，不同承包单位分别与建设单位签订承包合同，各自直接对建设单位负责。各承包商之间不存在总分包关系，现场上的协调工作可由建设单位自己去做，或委托一个承包商牵头去做，也可聘请专门的项目经理来管理。

（三）按获得承包任务的途径划分承包方式

1．计划分配

在计划经济体制下，由中央和地方政府的计划部门分配建设工程任务，由设计、施工单位与建设单位签订承包合同。在我国，计划分配曾是多年来采用的主要方式，改革后已为数不多。

2．投标竞争

通过投标竞争，优胜者获得工程任务，与业主签订承包合同。这是国际上通用的获得承包任务的主要方式。我国建筑业和基本建设管理体制改革的主要内容之一，就是从以计划分配工程任务为主逐步过渡到以在政府宏观调控下实行投标竞争为主的承包方式。

3．委托承包

委托承包也称协商承包，即无须经过投标竞争，而由业主与承包商协商，签订委托其承包某项工程任务的合同。

4．指令承包

指令承包就是由政府主管部门依法指定工程承包单位。这是一种具有强制性的行政措施，仅适用于某些特殊情况。

（四）按合同类型和计价方法划分承包方式

根据工程项目的条件和承包内容，往往要求不同类型的合同和计价方法，因此，在实践中，合同类型和计价方法就成为划分承包方式的主要依据。据此，承包方式分为固定总价合同承包、单价合同承包、成本加酬金合同承包。

复习思考题

1. 简述园林工程施工招标的方式。
2. 结合实例说明园林工程施工招标投标的程序，并画出程序示意图。
3. 请收集一份园林工程施工投标标书，并归纳其主要内容组成。

实训题 收集园林工程施工招投标信息

一、实训目标

根据当地工程招标投标信息发布情况，收集一份园林工程招标文件，结合招标文件信息内容分析工程建设内容，按照园林工程建设程序理解、掌握园林工程施工招标投标与工程承包知识。

二、实训内容

收集招标信息、工程图纸、招标文件等资料，并对资料进行分析，整理出该项目的主要工作内容；按照招标要求，提出该项目投标的思路与各阶段的工作内容。

三、实训步骤

1. 收集园林工程项目相关信息，包括工程概况、工程规模、工程图纸等。
2. 结合工程项目信息，分析该工程的主要内容。
3. 汇报园林工程建设的程序，明确各阶段主要工作内容。
4. 以该项目为例，分析该工程是否符合招标条件。
5. 分析并提出该项目的投标程序并进行工作分解。
6. 根据项目情况明确承包要求。

四、关键技术

招标文件的主要内容、评标要求的设定等。

五、实训小结

项　目	自我评价	改进措施
实训目标是否明确		
实训内容完成情况		
实训过程与主要工作是否清晰		
关键技术掌握情况		

项目 2　园林工程施工组织设计

任务目标：本项目任务主要包括横道图与园林工程进度计划编制、施工组织设计编制和施工平面布置图绘制。通过学习施工组织设计的编制以及施工总平面图的设计，让学生掌握施工组织设计的内容与编制程序，并能根据实际园林工程项目编制工程施工组织设计方案。

核心知识与能力：园林工程施工组织设计的内容、编制的方法与施工平面布置图绘制。

任务 2.1　编制横道图与园林工程进度计划

横道图是以横向线条结合时间坐标表示各项工作施工的起始点和先后顺序的，整个计划是由一系列的横道组成。横道图是一种最直观的工期计划方法。它在国外又称为甘特（Gatt）图，在工程中广泛应用，并受到普遍的欢迎。

2.1.1　确定横道图基本形式

横道图的基本形式是以横坐标作为时间轴表示时间，工程活动在图的左侧纵向排列，以活动所对应的横道位置表示活动的起始时间，横道的长短表示持续时间的长短。常见的横道图有作业顺序表和详细进度表两种。编制横道图进度计划要确定工程量、施工顺序、最佳工期以及工序或工作的天数、衔接关系等。

图 2-1 所示为某草地铺草工程的作业顺序，图中右栏表示作业量比率[⊖]，左栏则是按施工顺序标明的工种(或工序)。它清楚地反映了整个工序的实际情况，对作业量比率一目了然，便于实际操作。但工种间的关键工序不明确，不适合较复杂的施工管理。

工种	作业量比率（%）						
	0	20	40	60	80	100	
准备工作							100
整地作业							100
草皮准备							70
草坪作业							30
检查验收							0

图 2-1　铺草工程的作业顺序

2.1.2　编制横道图详细进度计划

详细进度表是横道图进度计划表，经常所说横道图就是指施工详细进度表。

详细进度计划(图 2-2)由两部分组成: 以工种(或工序、分项工程)为纵坐标，包括工程量、各工种工期、定额及劳动量等指标；以工期为横坐标，通过线框或线条表示工程进度。

工种	单位	数量	开工日	完工日	工程进度（天）						
					0	5	10	15	20	25	30
准备作业	组	1	4 月 1 日	4 月 5 日							
定点	组	1	4 月 5 日	4 月 10 日							
假山工程	m^3	50	4 月 10 日	4 月 15 日							
种植工程	株	450	4 月 15 日	4 月 24 日							
草坪种植	m^2	900	4 月 24 日	4 月 28 日							
收尾	队	1	4 月 28 日	4 月 30 日							

图 2-2　施工详细进度计划

根据图 2-2，说明详细进度计划的编制方法如下：

1）确定工序（或工程项目、工种）。一般要按施工顺序、作业衔接客观次序排列，可组织平行作业，但最好不安排交叉作业。项目不得疏漏也不得重复。

2）根据工程量和相关定额及必需的劳动力，加以综合分析，制定各工序(或工种、项目)的工期。确定工期时可视实际情况增加机动时间，但要满足工程总工期要求。

3）用线框在相应栏目内按时间起止期限绘成图表，需要清晰准确。

4）清绘完毕后，要认真检查，看是否满足总工期需要。

⊖ 这里的“比率”是指不同工种的对比，它反映的不是部分与整体之间的关系，而是一个全部工种中各部分之间的关系。

2.1.3　理解横道图应用的优缺点

利用横道图表示施工详细进度计划就是要对施工进度合理控制，并根据计划随时检查施工过程，达到保证顺利施工，降低施工费用，符合总工期的目的。

图 2-3 所示为某园林护岸工程的横道图施工进度计划。原计划工期 20 天，由于各工种相互衔接，施工组织严密，因而各工种均提前完成，节约工期 2 天。在第 10 天清点时，原定刚开工的铺石工序实际上已完成了工程量的 1/3。

序号	工种	单位	数量	所需天数 / 天	施工进度（天）																				备注
					1	2	3	4	5	6	7	8	9	10	11	12	13	14	15	16	17	18	19	20	
1	地基确定	队	1	1																					
2	材料供应	队	1	2																					
3	开槽	m^3	1000	5																					
4	倒滤层	m^3	200	3																					
5	铺石	m^2	3000	6																					
6	勾缝			2																					
7	验收	队	1	2																					

——— 第 10 天检查时间线　- - - - - 第 18 天完工时间线

计划工期；第 10 天完工；第 10 ～ 18 天完工

图 2-3　园林护岸工程横道图施工进度计划

通过以上横道图进度计划分析，可以看出应用横道图有以下优缺点。

1．优点

1）比较容易编制，简单、明了、直观、易懂。

2）结合时间坐标，各项工作的起止时间、作业持续时间、工程进度、总工期都能一目了然。

3）流水情况表示得清楚。

2．缺点

1）方法虽然简单也较直观，但是它只能表明已有的静态状况，不能反映出各项工作间错综复杂、相互联系、相互制约的生产和协作关系。比如图 2-4 中“支撑养护 1 段”只与“苗木栽植 1 段”有关而与其他工作无关，图中表现不易看出。

工作	进度计划（天）											
	1	2	3	4	5	6	7	8	9	10	11	12
定点放样		1 段			2 段			3 段				
苗木栽植					1 段			2 段			3 段	
支撑养护						1 段			2 段			3 段

图 2-4　用横道图表示的进度计划

2）反映不出哪些工作是主要的，哪些生产联系是关键性的，当然也就无法反映出工程的关键所在和全貌。也就是说不能明确反映关键线路，看不出可以灵活机动使用的时间，因而也就抓不住工作的重点，看不到潜力所在，无法进行最合理的组织安排和指挥生产，不知道如何去缩短工期、降低成本及调整劳动力。

综上可见，横道图控制施工进度简单实用，一目了然，适用于小型园林绿地工程。由于横道图法对工程的分析以及重点工序的确定与管理等诸多方面的局限性，限制了它在更广阔的领域中应用。为此，对复杂庞大的工程项目必须采用更先进的计划技术——网络计划技术。

2.1.4 施工进度表与工期网络图编制案例

案例一 施工进度表编制

某市湖海塘水渠绿化景观工程的实施对改善其城市环境，提高城市品位都起着举足轻重的作用，是市重点工程，全长约 5.4km。该绿化场地由于长期无人管理，杂草较多，草坪建植需对土壤进行处理。该工程各个专业、各工种交叉施工较多，甚至可能出现各单位的交叉施工，施工程序比较复杂，需要合理地安排各分项工程之间的次序，有效地控制施工进度。

施工顺序原则上先土建后种植，但因工期较紧，我们将合理地组织各种工序的交叉施工，以确保按期完工。据施工单位的能力，安排该有效工期为 41 日历天。

根据工程特点及要求，该工程施工进度计划安排见表 2-1。

表 2-1 施工进度计划表及各项指标

分项工程	形象进度	技术指标	2018 年 7 月 11 日—2018 年 8 月 30 日								
			7.11	7.17	7.23	7.29	8.4	8.10	8.16	8.22	8.30
土方平衡工程	100%	合格									
雨、污水工程	100%	优良									
绿化喷灌工程	100%	优良									
道路工程	100%	优良									
电气工程阶段	100%	优良									
绿化种植工程	100%	优良									
验收准备											

案例二 工期网络图编制

宁波市某城区道路绿化工程（第一标段）总工期为 60 日历天。工程位于宁波市某区，施工总绿化面积 25.5 万 m^2，包括纬八路、经六路和新城大道三条道路绿化施工。计划开工日期为 2019 年 4 月 20 日，计划竣工日期为 2019 年 6 月 18 日。

施工工艺流程：施工准备→绿化场地放样→绿化场地平整→黄土回填→场地造型→大树种植→乔木种植→灌木种植→地被、草坪种植→扫尾清场。整个工程安排一个综合施工队施工，配备各类的技术人员和机械设备，按照总工期要求编制施工总体进度计划网络图如图 2-5 所示。

宁波市某城区道路绿化工程（第一标段）进度计划网络图

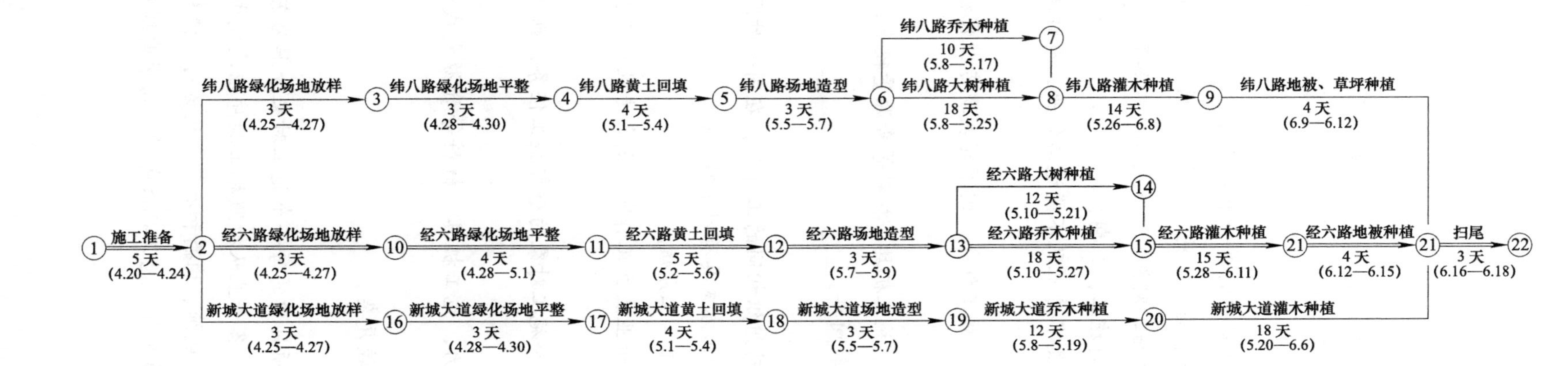

注：1．宁波市某城区道路绿化工程（第一标段）总工期为 60 日历天。

2．计划开工日期为 2019 年 4 月 20 日，计划竣工日期为 2019 年 6 月 18 日。

3．（　）中内容为各分项工程的开工至完工日期。

4．①═══► ② 表示主线　　③───► ④ 表示辅线

图 2-5　工程施工总体进度计划网络图

一、园林工程施工的组织方式

在工程的施工过程中，考虑园林工程项目的施工特点、工艺流程、资源利用、平面或空间布置等要求，其施工方式可以采用依次、平行、流水等施工组织方式。

1. 依次施工

依次施工方式是将拟建工程项目中的每一个施工对象分解为若干个施工过程，按施工工艺要求依次完成每一个施工过程；当一个施工对象完成后，再按同样的顺序完成下一个施工对象，依次类推，直至完成所有施工对象。依次施工方式具有以下特点：

1）没有充分地利用工作面进行施工，工期长。

2）如果按专业成立工作队，则各专业队不能连续作业，有时间间歇，劳动力及施工机具等资源无法均衡使用。

3）如果由一个工作队完成全部施工任务，则不能实现专业化施工，不利于提高劳动生产率和工程质量。

4）单位时间内投入的劳动力、施工机具、材料等资源量较少，有利于资源供应。

5）施工现场的组织、管理比较简单。

2. 平行施工

平行施工方式是组织几个劳动组织相同的工作队，在同一时间、不同的空间，按施工工艺要求完成各施工对象。平行施工方式具有以下特点：

1）充分地利用工作面进行施工，工期短。

2）如果每一个施工对象均按专业成立工作队，则各专业队不能连续作业，劳动力及施工机具等资源无法均衡使用。

3）如果由一个工作队完成一个施工对象的全部施工任务，则不能实现专业化施工，不利于提高劳动生产率和工程质量。

4）单位时间内投入的劳动力、施工机具、材料等资源量成倍地增加，不利于资源供应。

5）施工现场的组织、管理比较复杂。

3. 流水施工

流水施工方式是将拟建工程项目中的每一个施工对象分解为若干个施工过程，并按照施工过程成立相应的专业工作队，各专业队按照施工顺序依次完成各个施工对象的施工过程，同时保证施工在时间和空间上连续、均衡和有节奏地进行，使相邻两专业队能最大限度地搭接作业。这种方式的施工进度安排、总工期及劳动力需求曲线如图 2-6“流水施工”列所示。

编号	施工过程	人数	施工周数	进度计划（周）									进度计划（周）			进度计划（周）				
				5	10	15	20	25	30	35	40	45	5	10	15	5	10	15	20	25
1	起苗	10	5																	
	种植	16	5																	
	养护	8	5																	
2	起苗	10	5																	
	种植	16	5																	
	养护	8	5																	
3	起苗	10	5																	
	种植	16	5																	
	养护	8	5																	
资源需要量（人）				10 16 8 10 16 8 10 16 8									30 48 24			10 26 34 24 8				
施工组织方式				依次施工									平行施工			流水施工				
工期（周）				T=3×（3×5）=45									T=3×5=15			T=（3−1）×5+3×5=25				

图 2-6　施工方式比较图

流水施工方式具有以下特点：

1）尽可能地利用工作面进行施工，工期比较短。

2）有利于提高技术水平和劳动生产率，也有利于提高工程质量。

3）专业工作队能够连续施工，同时使相邻专业队的开工时间能够最大限度地搭接。

4）单位时间内投入的劳动力、施工机具、材料等资源量较为均衡，有利于资源供应。

5）为施工现场的文明施工和科学管理创造了有利条件。

二、流水施工的表达方式

园林工程施工中，流水施工的表达方式主要有横道图和垂直图两种。

1. 流水施工的横道图表示法

某园林园路工程流水施工的横道图表示法如图 2-7 所示。图中的横坐标表示流水施工的持续时间；纵坐标表示施工过程的名称或编号。n 条带有编号的水平线段表示 n 个施工过程或专业工作队的施工进度安排，其编号①、②……表示不同的施工段。横道图表示法的优点是：绘图简单，施工过程及其先后顺序表达清楚，时间和空间状况形象直观，使用方便，因而被广泛用来表达施工进度计划。

施工过程	施工进度（天）						
	2	4	6	8	10	12	14
挖基槽	①	②	③	④			
作垫层		①	②	③	④		
铺面层			①	②	③	④	
回填土				①	②	③	④
	流水施工总工期						

图 2-7 流水施工的横道图表示法

2. 流水施工的垂直图表示法

某园林园路工程流水施工的垂直图表示法如图 2-8 所示。图中的横坐标表示流水施工的持续时间；纵坐标表示流水施工所处的空间位置，即施工段的编号。n 条斜向线段表示 n 个施工过程或专业工作队的施工进度。

垂直图表示法的优点是：施工过程及其先后顺序表达清楚，时间和空间状况形象直观，斜向进度线的斜率可以直观地表示出各施工过程的进展速度，但编制实际工程进度计划不如横道图方便。

施工段编号	施工进度（天）						
	2	4	6	8	10	12	14
①			挖基槽				
②				作垫层铺面层			
③					回填土		
④							
	流水施工总工期						

图 2-8 流水施工的垂直图表示法

任务 2.2 编制施工组织设计

园林工程施工组织设计是对拟建园林工程的施工提出全面的规划、部署，用来指导园林工程施工的技术性文件。园林工程施工组织设计的本质是根据园林工程的特点与要求，以先进科学的施工方法和组织手段，科学合理地安排劳动力、材料、设备、资金和施工方法，来达到人力与物力、时间与空间、技术与经济、计划与组织等诸多方面的合理优化配置，从而保证施工任务的顺利完成。

2.2.1 理解园林工程施工组织设计的作用

施工组织设计是根据国家或建设单位对施工项目的要求、设计图纸和编制施工组织设计的基本原则，从施工项目全过程中的人力、物力和空间三个要素着手，在人力与物力、主体与辅助、供应与消耗、生产与储存、专业与协作、使用与维修、空间布置与时间排列等方面进行科学、合理的部署，为施工项目产品生产的节奏性、均衡性和连续性提供最优方案，从而以最少的资源消耗取得最大的经济效果，使最终项目产品的生产在时间上达到速度快和工期短，在质量上达到精度高和功能好，在经济上达到消耗少、成本低和利润高的目标。

施工组织设计是对施工项目的全过程实行科学管理的重要手段。通过施工组织设计的编制，可以预计施工过程中可能发生的各种情况，事先做好准备、预防，为园林工程企业实施施工准备工作计划提供依据；可以把施工项目的设计与施工、技术与经济、前方与后方、建筑业企业的全部施工安排与具体的施工组织工作更紧密地结合起来；可以把直接参加的施工单位与协作单位、部门与部门、阶段与阶段、过程与过程之间的关系更好地协调起来。

依据施工组织设计，园林施工企业可以提前掌握人力、材料和机具使用上的先后顺序，全面安排资源的供应与消耗；可以合理地确定临时设施的数量、规模和用途，以及临时设施、材料和机具在施工场地上的布置方案。

通过施工组织设计，园林施工企业就能把施工生产合理地组织起来，规定了有关施工活动的基本内容，保证了具体工程的施工得以顺利进行和完成。因此，施工组织设计的编制，是具体工程施工准备阶段中各项工作的核心，在施工组织与管理工作中占有十分重要的地位。根据实践经验，对于一个施工项目来说，如果施工组织设计编制得合理，能正确反映客观实际，符合建设单位和设计单位的要求，并且在施工过程中认真地贯彻执行，就可以保证工程项目施工的顺利进行，取得好、快、省和安全的效果，早日发挥园林工程投资的经济效益和社会效益。

2.2.2 明确园林工程施工组织设计的内容

园林工程施工组织设计的内容大体上包括工程概况、施工方案、施工进度计划、施工现场平面布置和主要技术经济指标五大部分。各个园林工程的具体情况以及要求不同，反映在各部分的内容深度上也有差异。因此，应该根据不同的工程特点确定每部分的侧重点，有针对性地确定施工组织设计的重点。施工组织设计的内容要根据工程对象和工程特点，并结合现有和可能的施工条件以及当地的施工水平，从实际出发来确定。

1．工程概况

工程概况是对拟建工程总体情况基本性、概括性的描述，其目的是通过对工程的简要介绍，说明工程的基本情况，明确任务量、难易程度、施工重点难点、质量要求、限定工期等，以便制定能够满足工程要求且合理、可行的施工方法、施工措施、施工进度计划和施工现场布置图。

2．施工方案

施工方案选择是依据工程概况，结合人力、材料、机械设备等条件，全面部署施工任务；安排总的施工顺序，确定主要工种工程的施工方法；对施工项目根据可能采用的几种方案，进行定性、定量的分析，通过技术经济评价，选择最佳施工方案。

3．施工进度计划

施工进度计划反映了最佳施工方案在时间上的具体安排；采用计划的方法，通过计算和调整达到工期、成本、资源等方面既定的施工项目目标；施工进度计划可采用线条图或网络图的形式编制。在施工进度计划的基础上，可编制出劳动力和各种资源需要量计划和施工准备工作计划。

4．施工现场平面布置

施工现场（总）平面布置是施工方案及进度计划在空间上的全面安排。它是把投入的各种资源（如材料、构件、机械、运输道路、水电管网等）和生产、生活活动场地合理地部署在施工现场，使整个现场能进行有组织、有计划的文明施工。

5．主要技术经济指标

主要技术经济指标是对确定的施工方案及施工部署的技术经济效益进行全面的评价，用以衡量组织施工的水平。施工组织设计常用的技术经济指标有：①工期指标；②劳动生产率指标；③机械化施工程度指标；④质量、安全指标；⑤降低成本指标；⑥节约“三材”（钢材、木材、水泥）指标等。

不同的施工组织设计在内容和深度方面不尽相同。各类施工组织设计编制的主要内容，应根据建设工程的对象及其规模大小、施工期限、复杂程度、施工条件等情况决定其内容的多少、深浅、繁简程度。编制必须从实际出发，实用为主，使施工组织设计确实能起到指导施工的作用，避免冗长、烦琐、脱离施工实际条件。

2.2.3 编制园林工程施工组织

1）编制前的准备工作：

① 熟悉园林施工工程图，领会设计意图，找出疑难问题和工程重点难点，收集有关资料，认真分析，研究施工中的问题。

②现场踏察，核实图纸内容与场地现状，问题答疑，解决疑问。

2）将园林工程合理分项并计算各个分项工程的工程量，确定工期。

3）制定多个施工方案、施工方法，并进行经济技术比较分析，确定最优方案。

4）编制施工进度计划（横道图或网络图）。编制施工总进度计划时应注意以下几点：

①计算工程量。应根据批准的总承建工程项目一览表，按工程开展程序和单位工程计算主要实物工程量。计算工程量可按初步设计（或扩大初步设计）图纸，并根据各种定额手册或参考资料进行。

②确定各单位工程（或单个构筑物）的施工期限。影响单位工程施工期限的因素很多，应根据工程类型、结构特征、施工方法、施工管理水平、施工机械化程度及施工现场条件等确定。

③确定各单位工程的开竣工时间和相互衔接关系。

④编制施工总进度计划表。

5）编制施工必需的设备、材料、构件及劳动力计划。

应根据具体工程的要求工期与工程量，合理安排劳动力投入计划，使之既能够在要求工期内完成规定的工程量，又能做到经济、节约。科学的劳动力安排计划要达到各工种的相互配合以及劳动力在各施工阶段之间的有效调剂，从而达到各项指标的最佳安排。

现代园林景观工程的规模正向大型化的方向发展，所涉及的公众也越来越多，因此，大型园林景观工程的施工必须借助多种有效的园林机械设备。良好的机械设备投入计划往往能够达到事半功倍的效果。

6）布置临时施工、生活设施，做好“三通一平”工作。

7）编制施工准备工作计划。

8）绘出施工平面布置图。

9）计算技术经济指标，确定劳动定额，加强成本核算。

10）拟定技术安全措施。

11）成文报审。

2.2.4 案例说明施工组织中工期的保证措施

某校园绿化工程工期保证措施主要从以下几方面实施。

1. 施工组织保证机构

为了按期完成本标段工程，我公司将配备专业施工队伍和足够数量的施工设备，按“均衡生产，文明施工，提高质量，确保安全，降低成本”的方针组织施工，最终提供业主方优良的产品。我公司将建立以项目经理为首的领导班子，发挥总工程师、各部负责人、各段施工负责人、项目生产班组组长直至班组施工人员的作用，根据工程的进展情况和施工的难易程度确定各阶段合理的施工人员数量和分工。坚持科学组织、分工与密切合作相结合。有运作良好的项目组织机构，较强的项目领导班子，懂行的管理人员，可靠的技术工人，施工方必能按时按质地完成本工程。

2. 工期保证技术措施

1）编制以总进度计划为控制的节点进度计划、日和周的作业计划，明确每天的工作内容，检查、解决执行计划中存在的问题，确保当天计划当天完成，维护计划的严肃性。认真做好施工前期准备工作是施工顺利进行的根本保证，因此在各分部工程，各道工序开工前必须做全面的施工准备，包括技术准备，以及工、料、机和资金准备。

2）在施工过程中不断完善施工工艺，合理组织施工，提高效率，使施工有节奏、均衡地进行，以加快施工进度。同时在实际操作中不断积累经验。

3）努力协调好各方面的关系。主动与业主、监理单位、当地各部门以及村民等加强联系，争取各方支持，创造一个良好的施工环境，排除可能对施工进度造成不利影响的因素。

4）采取合理施工程序，缩短工期。工程的关键工序关系到总工期的实现，因此，应将此关键工序作为重点，保证其工期的实现。

5）选择性能优良的施工机具。先进的机具，合理的布置，同时加强其管理，保证各设备运转良好。结构施工中，采用轻便、灵巧、使用功能多样的多功能门式架作模板支顶，垂直模板使用拼装轻巧、装拆方便、工效显著、减轻工人劳动强度的钢木组合模板，加快结构施工进度。

6）做好各种资源的供应。按照施工组织设计要求，根据工程控制计划要求，进行工料分析，相应编制劳动力进场计划、材料进场计划、机械设备使用计划、资金使用计划，以保证各种资源能满足工程计划周期内的需要。

7）做好劳动力与机械设备、材料的优化组合及其优化组织设计、调度方案，保持均衡施工。抓好关键项目的施工管理，对关键线路的工程项目给予优先考虑，以确保其按期完成。加强施工人员的质量与安全防护意识，确保各工序施工质量一次验评合格，避免返工；切实做到安全施工，坚持预防为主，杜绝安全事故。

3. 工期承诺及奖罚措施

（1）工期承诺

本公司如若中标，将制定详细的施工方案和施工进度计划，确保在规定的时间内完成招标要求的全部项目。具体施工时，计划开工日期 2004 年 6 月 18 日，计划竣工日期 2004 年 8 月 16 日，总工期为 60 个日历天。

（2）奖罚措施

我公司在熟悉和研究本工程图样的基础上，结合施工场地实际情形和我公司的类似工程的施工经验，拟投入的施工组织、管理能力。按照经济规律办事，公司与项目经理部签定决议，根据工程合同条款实行奖罚；项目经理部为调动项目内部全体员工的积极性，对各工期控制点制定奖罚措施，将工程的施工进度的奖罚与工程质量、安全、文明施工及各方协调配合的施工情况挂钩，建立奖罚严明的经济责任制度。广泛开展“全员劳动竞赛”活动，激发广大职工的劳动热情，提高劳动效率，以带动整个工程健康发展，按期、按质、安全完成。具体施工时，如由于我公司原因，不能按招标要求按期完成施工任务，愿接受业主经济处罚。同时，为确保本工程顺利按期完成，除制定以上工期保证措施外，公司内部还制定不同的奖罚办法。

该施工组织中工期的保证措施从施工组织保证机构、工期保证技术措施和工期承诺及奖罚措施三方面进行阐述，内容全面。对工期保证技术措施的阐述条理清晰，工期承诺及奖惩制度比较完善，值得借鉴。

任务 2.3 绘制施工平面布置图

施工平面布置图的作用是用来正确处理全工地在施工期间所需各项设施和永久建筑物之间的空间关系，按施工方案和施工总进度计划合理规划交通道路、材料仓库、附属生产企业、临时房屋建筑和临时水、电管线等，指导现场文明施工。

2.3.1 熟悉施工平面布置图的内容

施工平面布置图按规定的图例绘制，一般比例为1:1000或1:2000。施工平面布置图的内容包括：

1）整个建设项目的建筑总平面图，包括地上、地下建筑物和构筑物、道路、各种管线、测量基准点等的位置和尺寸。

2）一切为工地施工服务的临时性设施的布置，包括：

① 施工用地范围，施工用的各种道路。

② 加工厂、制备站及有关机械化装置。

③ 各种园林建筑材料、半成品、构件的仓库和主要堆放、假植、取土及弃土位置。

④ 行政管理用房、宿舍、文化生活福利建筑等。

⑤ 水源、电源、临时给水排水管线和供电动力线路及设施，车库、机械的位置。

⑥ 一切安全、防火设施。

⑦ 特殊图例、方向标志、比例尺等。

⑧ 永久性及半永久性坐标的位置。

2.3.2 收集施工平面布置图的绘制依据

1）设计资料，包括：总平面图、竖向设计图、地貌图、区域规划图、与建设项目有关的一切已有和拟建的地下管网位置图等。

2）已调查收集到的地区资料，包括：材料和设备情况，地方状况资料，交通运输条件，水、电、蒸汽等条件，社会劳动力和生活设施情况，参加施工的各企业力量状况等。

3）施工部署和主要工程的施工方案。

4）施工总进度计划。

5）各种材料、构件、施工机械和运输工具需要量一览表。

6）构件加工厂、仓库等临时建筑一览表。

7）工地业务量计算结果及施工组织设计参考资料。

2.3.3 落实施工平面布置图的绘制原则

1）在满足施工的前提下，将占地范围减少到最低限度，尽量不占农田和交通道路。

2）最大限度地缩短场内运输距离，尽可能避免场内二次搬运。

3）在保证施工需要的前提下，临时设施工程量应该最小，以降低临时工程费用。

4）临时设施的布置应便于工人生产和生活，往返现场时间最少。

5）充分考虑生产、生活设施和施工中的劳动保护、技术安全和防火要求。

6）应遵守环境保护条例的要求，避免环境污染。

2.3.4 按照步骤和要求绘制施工平面布置图

施工平面布置图的绘制步骤应是：布置场外交通道路→布置仓库→布置加工厂和混凝土搅拌站→布置内部运输道路→布置临时房屋→布置临时水电管网和其他动力设施→绘正式施工平面布置图。

1. 场外交通道路的布置

一般场地都有永久性道路，可提前修建为工程服务，但应恰当确定起点和进场位置，考虑转弯半径和坡度限制，有利于施工场地的利用。

2. 仓库的布置

仓库一般应接近使用地点，装卸时间长的仓库应远离路边；苗木假植地应靠近水源及道路旁。

3. 加工厂和混凝土搅拌站的布置

总的指导思想是应使材料和构件的货运量小，有关联的加工厂适当集中。锯材、成材、粗细木工加工间和成品堆场要按工艺流程布置，应设在施工区的下风向边缘。

4. 内部运输道路的布置

1）提前修建永久性道路的路基和简单路面为施工服务。

2）临时道路要把仓库、加工厂、堆场和施工点贯穿起来。按货运量大小设计双行环干道或单行支线。道路末端要设置回车场。路面一般为土路、砂石路或礁碴路。道路做法应查阅施工手册。

5. 临时房屋的布置

1）尽可能利用已建的永久性房屋为施工服务，不足时再修建临时房屋。临时房屋应尽量利用活动房屋。

2）全工地行政管理用房宜设在全工地入口处。

3）职工宿舍一般宜设在场外，并避免设在低洼潮湿地及有烟尘不利于健康的地方。

4）食堂宜布置在生活区，也可视条件设在工地与生活区之间。

6. 临时水电管网和其他动力设施的布置

1）尽量利用已有的和提前修建的永久线路。

2）临时总变电站应设在高压线进入工地处，避免高压线穿过工地。

3）临时水池、水塔应设在用水中心和地势较高处。管网一般沿道路布置，供电线路避免与其他管道设在同一侧，主要供水、供电管线采用环状。

4）管线穿路处均要套以铁管，并埋入地下 0.6m 处。

5）过冬的临时水管须埋在冰冻线以下或采取保温措施。

6）排水沟沿道路布置，纵坡不小于 0.2%，过路处须设涵管，在山地建设时应有防洪设施。

7）消火栓间距不大于 120m，距拟建房屋不小于 5m 且不大于 25m，距路边不大于 2m。

8）各种管道布置的最小净距应符合规范的规定。

7. 正式施工平面布置图的绘制

根据以上内容的布置要求和有关计算结果，绘制施工平面布置图（图 2-9），其步骤是：

1）确定图幅大小和绘图比例。图幅大小和绘图比例应根据工地大小及布置内容的多少来确定。图幅一般可选用 A1、A2 号大小的图纸，比例尺一般采用 1:1000 或 1:2000。

2）合理规划和设计图面。施工平面布置图除了要反映现场的布置内容外，还要反映周围的环境和面貌（如已有建筑物、场外道路等）。所以绘图时，应合理规划和设计图面，并应留出一定的空余图面绘制指北针、图例及文字说明等。

3）绘制建筑总平面图的有关内容。将现场测量的方格网、现场内外已建有的房屋、构筑物、道路和拟建工程等，按正确的图例绘制在图面上。

4）绘制工地需要的临时设施。根据布置要求及有关计算，将道路、仓库、加工厂、材料堆场和水、电管网等临时设施绘制在图面上。

5）形成施工平面布置图。在进行各项内容的布置后，经分析比较、调整修改，形成施工平面布置图，并做必要的文字说明，标上图例、比例尺、指北针。

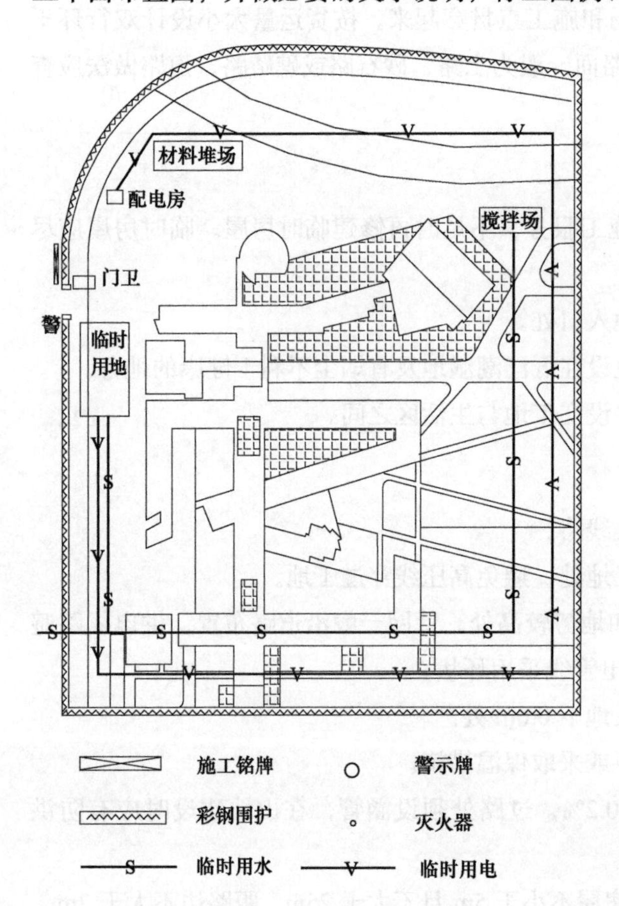

说明：

1. 该园林绿化工程用 2m 高彩钢围护，在左侧开设一个 8m 宽大门。

2. 在大门旁边设一施工铭牌，交通警示牌，内侧设值班室。

3. 临时用地暂设于大门右侧绿化地内。

4. 施工场地内的水电由施工方铺设，电路一律采用架空处理。

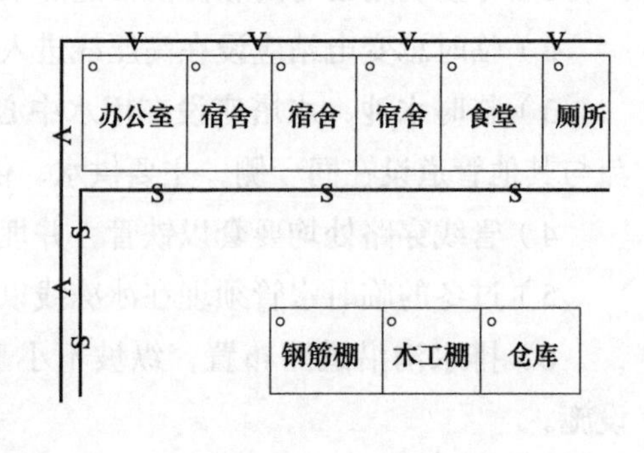

图 2-9　施工平面布置图

知识拓展

一、施工组织设计的分类

施工组织设计按设计阶段、编制时间、编制对象范围、编制内容的繁简程度和使用时间的长短不同，有以下分类情况。

1. 按设计阶段的不同分类

施工组织设计的编制一般是同设计阶段相配合。

1）设计按两个阶段进行时，施工组织设计分为施工组织总设计（扩大初步施工组织设计）和单位工程施工组织设计两种。

2）设计按三个阶段进行时，施工组织设计分为施工组织设计大纲（初步施工组织条件设计）、施工组织总设计和单位工程施工组织设计三种。

2. 按编制时间不同分类

施工组织设计按编制时间不同可分为投标前编制的施工组织设计（简称“标前设计”）和签订工程承包合同后编制的施工组织设计（简称“标后设计”）两种。前者应起到“项目管理规划大纲”的作用，满足编制投标书和签订施工合同的需要；后者应起到“项目管理实施规划”的作用，满足施工项目准备和施工的需要。

3. 按编制对象范围的不同分类

施工组织设计按编制对象范围的不同可分为施工组织总设计、单位工程施工组织设计、分部分项工程施工组织设计三种。

（1）施工组织总设计

施工组织总设计是以一个建筑群或一个建设项目为编制对象，用以指导整个建筑群或建设项目施工全过程的各项施工活动的技术、经济和组织的综合性文件。施工组织总设计一般在初步设计或扩大初步设计被批准之后，在总承包企业的总工程师领导下进行编制。

（2）单位工程施工组织设计

单位工程施工组织设计是以一个单位工程（如一个建筑物或构筑物）为编制对象，用以指导其施工全过程的各项施工活动的技术、经济和组织的综合性文件。单位工程施工组织设计一般在施工图设计完成后，在施工项目开工之前，由项目经理组织，在技术负责人领导下进行编制。

（3）分部分项工程施工组织设计

分部分项工程施工组织设计是以分部分项工程为编制对象，用以具体指导其施工全过程的各项施工活动的技术、经济和组织的综合性文件。分部分项工程施工组织设计一般与单位工程施工组织设计同时编制，并由单位工程的技术人员负责编制。

此外，施工组织设计按编制内容的繁简程度不同可分为完整的施工组织设计和简单的施工组织设计两种。按使用时间长短不同分为长期施工组织设计、年度施工组织设计和季度施工组织设计三种。

二、编制施工组织设计的三个重点

对施工组织设计来说，从突出“组织”的角度出发，在编制施工组织设计时，应重点编好以下三项内容：

第一个重点，在施工组织总设计中是施工部署和施工方案，在单位工程施工组织设计中是施工方案和施工方法。前者的关键是“安排”，后者的关键是“选择”。这一部分是解决施工中的组织指导思想和技术方法问题。在操作时应努力在“安排”和“选择”上做到优化。

第二个重点，在施工组织总设计中是施工总进度计划，在单位工程施工组织设计中是施工进度计划，这部分所要解决的问题是顺序和时间。“组织”工作是否得力，主要看时间是否利用合理，顺序是否安排得当，巨大的经济效益寓于时间和顺序的组织之中，绝不能忽视。

第三个重点，在施工组织总设计中是施工平面布置图，在单位工程施工组织设计中是施工平面图。这一部分是解决空间问题并涉及“投资”问题。它的技术性、经济性都很强，还涉及许多政策和法规，如占地、环保、安全、消防、用电、交通等。

三个重点突出了施工组织设计中的技术、时间和空间三个要素，这三者又是密切相关的，设计的顺序也不能颠倒。抓住这三个重点，其他方面的设计内容也就好办了。

复习思考题

1. 简述园林施工组织设计遵循的原则。
2. 简述园林施工组织设计的内容。
3. 试述施工平面布置图的绘制步骤和要求。
4. 园林工程施工组织方式有哪几种？各有什么特点？
5. 简述横道图和垂直图表示流水施工各自的优点。

实训题 1. 园林工程施工进度计划图绘制实训

一、实训目的

熟悉园林工程施工进度计划图的绘制内容和程序。

二、实训用具与材料

招标文件、施工图、施工组织设计、园林工程施工预算等。

三、实训内容

根据招标书和园林工程施工图，结合园林工程施工组织设计要求，绘制进度计划横道图。

四、步骤和方法

1）确定工序（或工程项目、工种）。一般要按施工顺序、作业衔接客观次序排列，可组织平行作业，但最好不安排交叉作业。项目不得疏漏也不得重复。

2）根据工程量和相关定额及必需的劳动力，加以综合分析，制定各工序（或工种、项目）的工期。确定工期时可视实际情况增加机动时间，但要满足工程总工期要求。

3）用线框在相应栏目内按时间起止期限绘成图表，需要清晰准确。

4）清绘完毕后，要认真检查，看是否满足总工期需要。

五、实训成果

根据工程安排计划绘制 ×× 园林工程施工进度横道图。

实训题 2. 编制园林工程施工组织设计

一、实训目的

熟悉园林工程施工组织设计的编制内容和程序。

二、实训内容

根据招标书和园林工程施工图，编制园林工程施工组织设计。

三、实训工具、用品

招标文件、施工图、园林工程概（预）算等。

四、实训方法和步骤

1. 简要说明工程特点

2. 工程施工特征

结合园林建设工程具体施工条件，找出其施工全过程的关键工程，并从施工方法和措施方面予以合理地解决。

3. 施工方案（单项工程施工进度计划）

1）熟悉审查施工图，研究原始资料。

2）确定施工起点流向，划分施工段和施工层。

3）分解施工过程，确定工程项目名称和施工顺序。

4）选择施工方法和施工机械，确定施工方案。

5）计算工程量，确定劳动力分配或机械台班数量；计算工程项目持续时间，确定各项流水参数。

6）绘制施工横道图表。

7）按项目进度控制目标要求，调整和优化施工横道计划。

五、实训报告

根据 ×× 园林工程设计图，编制施工组织设计。

项目 3　园林工程施工管理

任务目标： 本项目主要任务包括园林工程施工进度控制、质量控制、成本控制、现场管理、安全管理、劳动管理、施工材料管理以及园林工程施工资料管理等八个任务。通过本项目的学习，让学习者理解园林工程施工组织管理的概念、特点、内容，掌握施工组织管理各任务控制管理的方法，明确施工组织管理的规章制度要求。

核心知识与能力： 园林工程施工进度、质量、成本三大控制的内容与方法；施工现场管理、安全管理的内容与方法；园林工程施工劳动组织的形式，劳动定额的作用和表现形式；施工材料供应与现场材料管理，施工资料的主要内容和管理。

任务 3.0　基本知识

3.0.1　园林工程施工项目及其特征

园林工程施工项目属于工程项目分类中的一种。园林工程施工项目是指园林施工企业对一个园林产品的施工过程或成果。施工项目是园林施工企业的生产对象，因此，它可能是一个园林建设项目的施工（如一个公园），也可能是其中一个单项工程（如乔木种植工程）或单位工程（如假山工程）的施工。园林工程施工项目具有以下特征：

1）它是建设项目，即单项工程或单位工程的施工任务。

2）它以园林施工企业为管理主体。

3）它的任务范围是由工程承包合同界定的。

4）它的产品具有多样性、固定性、体积庞大、生产周期长等特点。

5）园林施工产品具有生命性，需要较长的养护时间及一定时期才能达到设计的效果。

3.0.2 园林工程施工管理

园林工程施工管理是以园林工程施工项目为对象，以项目经理负责制为基础，以实现项目目标为目的，以构成园林工程施工项目要素为条件，以与此相适应的一整套施工组织制度和管理制度为保障，对园林工程施工项目全过程系统地进行控制和管理的方法体系。

3.0.3 我国园林工程项目的建设程序

建设程序是指一个建设项目从酝酿提出到该项目建成投入使用的全过程中，各阶段建设活动的先后顺序和相互关系。建设项目按照建设程序进行建设是社会经济规律要求的，是建设项目的技术经济规律要求的，也是由建设项目的复杂性决定的。我国园林工程建设程序一般分六个阶段，即项目建议书阶段、可行性研究阶段、设计工作阶段、建设准备阶段、建设施工阶段、竣工验收交付使用阶段，这六个阶段关系如图 3-1 所示。

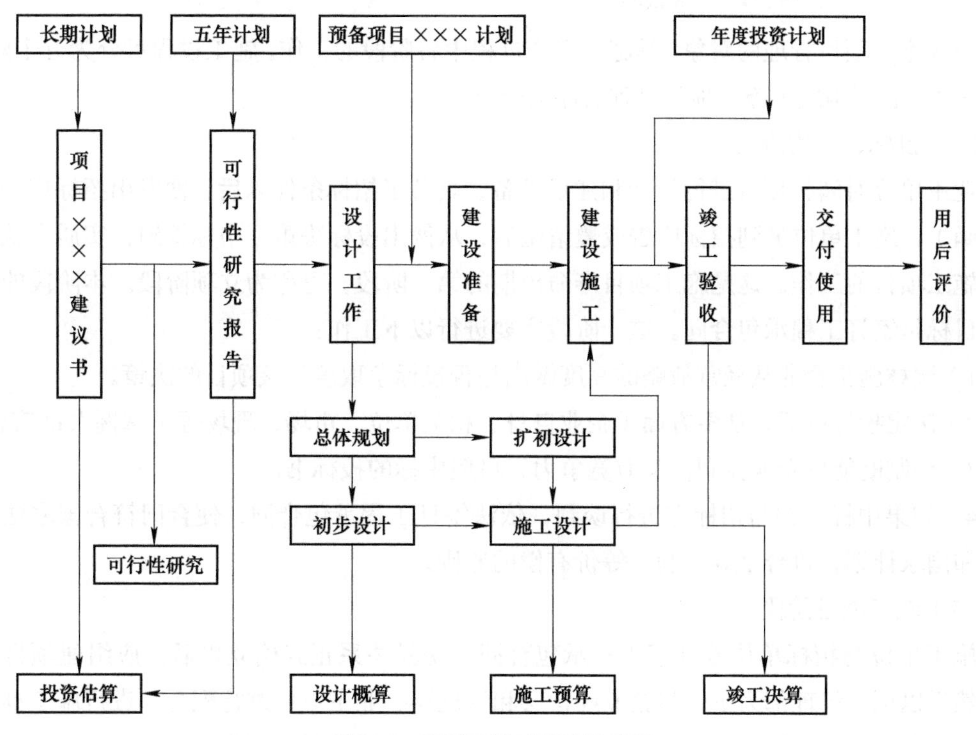

图 3-1 我国园林工程建设程序

3.0.4 园林施工项目管理的过程

1．施工项目管理与建设项目管理的区别

施工项目管理与建设项目管理是两种平等的工程项目管理分支，虽然在管理对象上施工项目管理与建设项目管理有部分重合，从而使两种项目管理关系密切，但它们在管理主体上、管理客体上、管理目标上、管理范围上、管理过程上都有本质的区别（表 3-1），不能混为一谈，更不能以建设项目管理代替施工项目管理。

表 3-1 施工项目管理与建设项目管理的区别

区别特征	施工项目管理	建设项目管理
管理主体	园林施工企业或其授权的项目经理部	建设单位（业主）或其委托的咨询（监理）单位
管理客体	施工项目的施工活动及其相关的生产要素	建设项目
管理目标	符合需求的园林建设成果，获得预期的环境效益、社会效益与经济效益	符合任务书要求，达到设计效果，发挥园林建设项目的功能、效益
管理范围	是由工程承包合同规定的承包范围，可以是园林建设项目，也可是园林单项工程或单位工程	是一个完整的园林建设项目，是由可行性研究报告确定的所有工程
管理过程	投标、签约阶段 施工准备阶段 施工阶段 竣工验收与结算阶段 用后服务阶段	项目决策建议书阶段 可行性研究阶段 项目组织计划、设计阶段 项目实施阶段 竣工验收及结算阶段

2．园林施工项目管理的全过程

园林施工项目管理的对象，是施工整个过程中各阶段的工作。施工过程可分为五个阶段，见表 3-1，它们构成了施工项目管理有序的全过程。

（1）投标、签约阶段

业主单位对园林项目进行设计和建设准备，具备了招标条件以后，便发出招标广告（或邀请函），施工单位见到招标广告或邀请函后，从做出投标决策至中标签约，实质上就是在进行施工项目的工作。这是施工项目寿命周期的第一阶段，可称为立项阶段。本阶段的最终管理目标是签订工程承包合同。这一阶段主要进行以下工作：

1）园林施工企业从经营战略的高度做出是否投标争取承包该项目的决策。

2）决定投标以后，从多方面（企业自身、相关单位、市场、现场等）掌握大量信息。

3）编制既能使企业盈利，又有竞争力，可望中标的投标书。

4）如果中标，则与招标方进行谈判，依法签订工程承包合同，使合同符合国家法律、法规和国家计划，符合平等互利、等价有偿的原则。

（2）施工准备阶段

施工单位与招标单位签订了工程承包合同、交易关系正式确立以后，应组建项目经理部，然后以项目经理部为主，与企业经营层和管理层、业主单位进行配合，进行施工准备，使工程具备开工和连续施工的基本条件。这一阶段主要进行以下工作：

1）成立项目经理部，根据工程管理的需要建立机构，配备管理人员。

2）编制施工组织设计，主要是施工方案、施工进度计划和施工平面图，用以指导施工准备和施工。

3）编制施工项目管理规划，以指导施工项目管理活动。

4）进行施工现场准备，使现场具备施工条件，利于进行文明施工。

5）编写开工申请报告，待批开工。

（3）施工阶段

这是一个自开工至竣工的实施过程。在这一过程中，项目经理部既是决策机构，又是责任机构。经营管理层、业主单位、监理单位的作用是支持、监督与协调。这一阶段的目标是完成合同规定的全部施工任务，达到验收、交工的条件。这一阶段主要进行以下工作：

1）按施工组织设计的安排进行施工。

2）在施工中努力做好动态控制工作，保证质量目标、进度目标、造价目标、安全目标和节约目标的实现。

3）管好施工现场，实行文明施工。

4）严格履行工程承包合同，处理好内外关系，管好合同变更及索赔。

5）做好原始记录、协调、检查、分析等工作。

（4）竣工验收与结算阶段

这一阶段可称作“结束阶段”。结算阶段与建设项目的竣工验收阶段协调同步进行。竣工验收与结算阶段的目标是对项目成果进行总结、评价，对外结清债权债务，结束交易关系。本阶段主要进行以下工作：

1）在预验的基础上接受正式验收。

2）整理、移交竣工文件，进行财务结算，总结工作，编制竣工总结报告。

3）办理工程交付手续。

4）项目经理部解体。

（5）用后服务阶段

这是园林工程施工管理的最后阶段，即在交工验收后，按合同规定的责任期进行的养护管理工作，其目的是保证使用单位正常使用，发挥效益。本阶段主要进行以下工作：

1）为保证工程正常使用而做好必要的技术咨询。

2）进行工程回访，听取使用单位意见，总结经验教训，进行必要的养护、维修和管理。

3.0.5 园林工程施工管理的内容

园林工程施工管理的全过程中，为了取得各阶段目标和最终目标的实现，在各项活动中，必须加强管理工作。必须强调，园林工程施工管理的主体是以施工项目经理为首的项目经理部，即作业管理层，管理的客体是具体的施工对象、施工活动及相关生产要素。

1．建立施工项目管理组织

1）由企业采用适当的方式选聘称职的施工项目经理。

2）根据施工组织原则，选用适当的组织形式，组建施工项目管理机构，明确责任、权限和义务。

3）在遵守企业规章制度的前提下，根据园林工程施工管理的需要，制定施工管理制度。

2．进行园林工程施工管理规划

园林工程施工管理规划是对施工项目管理目标、组织、内容、方法、步骤、重点进行预测和决策，做出具体安排的纲领性文件。施工管理规划的内容主要有：

1）进行工程项目分解，形成施工对象分解体系，以便确定阶段控制目标，从局部到整体地进行施工活动和施工项目管理。

2）建立施工项目管理工作体系，绘制施工项目管理工作体系图和施工项目管理工作信息流程图。

3）编制施工管理规划，确定管理点，形成文件，以利执行。现阶段这个文件便是施工组织设计。

3．进行园林施工管理的目标控制

园林工程施工管理的目标有阶段性目标和最终目标，实现各项目标是施工管理的目的所在，因此应当坚持以控制论原理和理论为指导，进行全过程的科学控制。园林工程施工管理的控制目标分为：

1）进度控制目标。

2）质量控制目标。

3）成本控制目标。

4）安全管理目标。

5）施工现场管理目标。

由于在园林工程施工管理目标的控制过程中，会不断受到各种客观因素的干扰，各种风险因素有随时发生的可能性，故应通过组织协调和风险管理，对施工管理目标进行动态控制。

4．对园林工程的生产要素进行优化配置和动态管理

园林工程的生产要素是园林施工管理目标得以实现的保证，主要包括：劳动力、材料、设备、资金和技术（即5M）。生产要素管理的三项内容包括：

1）分析各项生产要素的特点。

2）按照一定原则、方法对施工项目生产要素进行优化配置，并对配置状况进行评价。

3）对施工项目的各项生产要素进行动态管理。

5．园林工程施工的合同管理

由于园林工程管理是在市场条件下进行的特殊交易活动的管理，这种交易活动从投标开始，并持续于工程管理的全过程，因此必须依法签订合同，进行履约经营。合同管理的好坏直接涉及工程管理及工程施工的技术经济效果和目标实现。因此要从招标投标开始，加强工程承包合同签订、履行的管理。合同管理是一项执法、守法活动，市场包括国内市场和国际市场，因此合同管理势必涉及国内和国际上有关法规和合同文本、合同条件，在合同管理中应予高度重视。为了取得经济效益，还必须注意搞好索赔，讲究方法和技巧，提供充分的证据。

6．园林工程施工的信息管理

现代化管理要依靠信息。园林工程施工管理是一项复杂的现代化的管理活动，更要依靠大量信息及对大量信息的管理。而信息管理又要依靠计算机进行辅助。所以，进行园林工程施工管理目标控制、动态管理，必须依靠信息管理，并应用计算机进行辅助。需要特别注意信息的收集与储存，使本项目的经验和教训得到记录和保留，为以后的工程管理服务。故认真记录总结，建立档案及保管制度是非常重要的。

任务3.1 园林工程施工进度控制

3.1.1 理解施工进度控制的概念

施工进度控制与成本控制和质量控制一样，是施工过程中的重点控制之一。它是保证施工工程按期完成，合理安排资源供应，节约工程成本的重要措施。

施工进度控制是指在既定的工期内，编制出最优的施工进度计划，在执行该计划的施工中，经常检查施工实际进度情况，并将其与计划进度相比较，若出现偏差，便分析产生的原因和对工期的影响程度，找出必要的调整措施，修改原计划，如此不断地循环，直至工程竣工验收。施工进度控制的总目标是确保施工工程的既定目标工期的实现，或者在保证施工质量和不因此而增加施工实际成本的条件下，适当缩短施工工期。

3.1.2 掌握施工进度控制方法和主要任务

1．施工进度控制方法

施工进度控制方法主要是规划、控制和协调。规划是指确定施工总进度控制目标和分进度控制目标，并编制其进度计划。控制是指在施工实施的全过程中，进行施工实际进度与施工计划进度的比较，出现偏差及时采取措施调整。协调是指协调与施工进度有关的单位、部门和工作队组之间的进度关系。

2. 施工进度控制的主要任务

施工进度控制的主要任务是编制施工总进度计划并控制其执行，按期完成整个施工的任务；编制单位工程施工进度计划并控制其执行，按期完成单位工程的施工任务；编制分部分项工程施工进度计划，并控制其执行，按期完成分部分项工程的施工任务；编制季度、月（旬）作业计划，并控制其执行，完成规定的目标等。

3.1.3 掌握进度控制的内容

施工进度可分为事前进度控制、事中进度控制和事后进度控制，在进度控制的不同阶段，控制的内容也不一样。其中事中进度控制的内容最复杂也最关键。现以施工阶段为例，叙述其主要内容。

1. 执行施工进度计划

首先应根据园林工程施工前编制的施工进度计划，编制出月（旬）作业计划和施工任务书。在施工过程中做好各种记录，为计划实施的检查、分析、调整提供原始材料。

2. 跟踪检查施工进度情况

进度控制人员应深入现场，随时了解施工进度情况。

3. 施工进度情况资料的收集、整理

通过现场调查去收集反映进度情况的资料，并加以分析和处理，为后续的进度控制工作提供确切的、全面的信息。

4. 实际进度与计划进度进行比较分析

经过比较，确定实际进度比计划进度是超前还是落后，并分析进度超前或拖后的原因。

5. 确定是否需要进行进度调整

一般情况下，施工进度超前对进度控制是有利的，不需要调整。但是进度的提前如果对质量、安全有影响，对各种资源供应造成压力，这时有必要加以调整。

对施工进度拖后且在允许的机动时间里的工作，可以不进行调整。但是对于施工进度拖后将直接影响工期的关键工作，必须做出相应的调整措施。

6. 制定进度调整措施

对决定需要调整的后续工作，从技术上、组织上和经济上等做出相应的调整措施。

7. 执行调整后的施工进度计划

按上述过程不断循环，从而达到对施工工程整体进度的控制。

3.1.4 分析影响施工进度控制的因素

由于园林工程的施工特点，尤其是较大和复杂的园林工程，施工工期较长，影响进度因素较多。编制计划和执行控制施工进度计划时只有充分认识和估计这些因素，才能避免其影响，使施工进度尽可能按计划进行。当出现偏差时，施工管理者应按预定的工程进度计划定期检查实施进度情况，考虑有关影响因素，分析产生的原因。进度出现偏差的主要影响因素如下几方面。

1. 工期及相关计划的失误

计划失误是常见的现象。人们在计划期将持续时间安排得过于紧促，主要包括：

1）计划时忘记（遗漏）部分必需的功能或工作。

2）计划值（例如计划工作量、持续时间）不足，相关的实际工作量增加。

3）资源或能力不足，例如计划时没考虑到资源的限制或缺陷，没有考虑如何完成工作。

4）出现了计划中未能考虑到的风险或状况，未能使工程实施达到预定的效率。

5）在现代工程中，上级（业主、投资者、企业主管）常常在一开始就提出很紧迫的工期要求，使承包商或其他设计人、供应商的工期太紧。而且许多业主为了缩短工期，常常压缩承包商的做标期和前期准备的时间。

2. 边界条件的变化

1）工作量的变化。这可能是由设计的修改、设计的错误、业主新的要求、修改工程的目标及系统范围的扩展造成的。

2）外界（如政府、上层系统）对工程新的要求或限制。设计标准的提高可能造成施工相关资源的缺乏，无法及时完成。

3）环境条件的变化。如不利的施工条件不仅造成对工程实施过程的干扰，有时直接要求调整原来已确定的计划。

4）发生不可抗力事件，如地震、台风、动乱、战争状态等。

3. 管理过程中的失误

1）计划部门与实施者之间、总分包商之间、业主与承包商之间缺少沟通。

2）工程实施者缺少工期意识，例如管理者拖延了图纸的供应和批准，任务下达时缺少必要的工期说明和责任落实，拖延了工程活动。

3）工程参加单位对各个活动（各专业工程和供应）之间的逻辑关系（活动链）没有清

楚地了解，下达任务时也没有做详细的解释，同时对活动的必要的前提条件准备不足，各单位之间缺少协调和信息沟通，许多工作脱节，资源供应出现问题。

4）其他参与方未完成工程计划造成拖延。例如设计单位拖延设计、运输不及时、上级机关拖延批准手续、质量检查拖延、业主不果断处理问题等。

5）承包商没有集中力量施工，材料供应拖延，资金缺乏，工期控制不紧。这可能是承包商同期工程太多，力量不足造成的。

6）业主没有集中资金的供应，拖欠工程款，或业主的材料、设备供应不及时。

4. 采用技术失误

施工单位采用技术措施不当，施工中发生技术事故；应用新技术、新材料、新结构缺乏经验，不能保证质量等都会影响施工进度。

5. 其他原因

由于采取其他调整措施造成工期的拖延，如设计变更，质量问题的返工，方案的修改等。

3.1.5 掌握施工进度控制的措施

1. 实际进度与计划进度的比较方法

园林工程施工进度比较分析与计划调整是施工进度控制的主要环节。其中施工进度比较是调整的基础。常用的比较方法有以下几种：

（1）横道图比较法

用横道图编制施工进度计划，指导施工的实施已是人们常用的、很熟悉的方法。它简明、形象和直观，编制方法简单，使用方便。

横道图记录比较法，是把在施工中检查实际进度收集的信息，经整理后直接用横道线并列标于原计划的横道线下面，进行直观比较的方法。采用横道图比较法，可以形象、直观地反映实际进度与计划进度的比较情况。

作图比较方法的步骤如下：

1）编制横道图进度计划。

2）在进度计划上标出检查日期。

3）将检查收集的实际进度数据，按比例用涂黑的粗线标于计划进度线的下方。

4）比较分析实际进度与计划进度。

①涂黑的粗线右端与检查日期相重合，表明实际进度与施工计划进度相一致。

②涂黑的粗线右端在检查日期左侧，表明实际进度拖后。

③涂黑的粗线右端在检查日期右侧，表明实际进度超前。

例 3-1

某公园乔木种植工程的进度计划和截至第 9 天的实际进度见表 3-2，其中细线条表示该工程计划进度，粗实线表示实际进度。从表中实际进度与计划进度的比较可以看出，到第 9 天末进行实际进度检查时，场地平整和挖树池两项工作已经完成；树木种植按计划也应该完成，但实际只完成 75%，任务量拖欠 25%；支撑绕干计划应完成 2/3，而实际只完成 1/3，任务量拖欠 1/3。

表 3-2 进度检查表

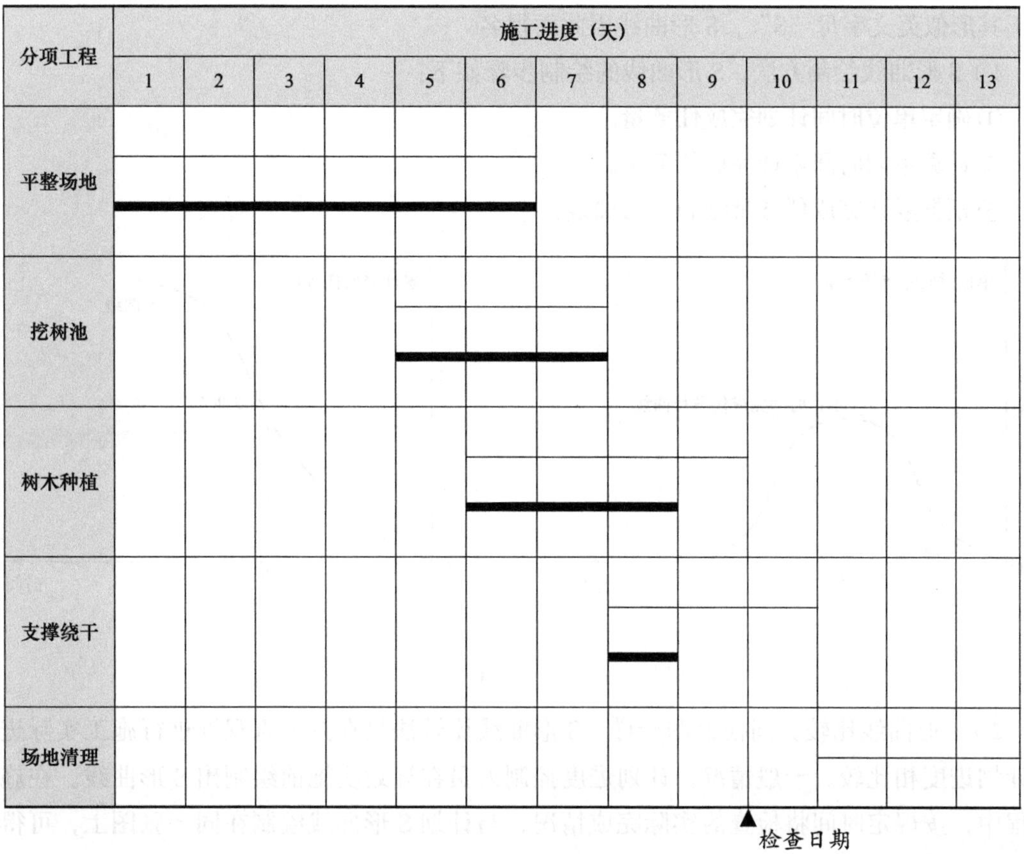

分项工程	施工进度（天）												
	1	2	3	4	5	6	7	8	9	10	11	12	13
平整场地													
挖树池													
树木种植													
支撑绕干													
场地清理													

▲检查日期

根据各项工作的进度偏差，进度控制者可以采取相应的纠偏措施对进度计划进行调整，以确保该工期按期完成。需注意的是表 3-2 所表达的比较方法仅适用于施工工程的各项工作都是均匀进展的情况，即每项工作在单位时间内完成的任务量都是相等的情况。

横道图记录比较法具有记录比较方法简单、形象直观、容易掌握、应用方便等优点，因此被广泛地用于简单的进度监测工作中。但是，由于它以横道图进度计划为基础，因此，带有其不可避免的局限性，如各工作之间的逻辑关系不明显，关键工作和关键线路无法确定，一旦某些工作进度产生偏差，难以预测其对后续工作和整个工期的影响及确定调整方法。

（2）S 形曲线比较法

S 形曲线比较法与横道图比较法不同，它不是在编制的横道图进度计划上进行实际进度与计划进度比较。它是以横坐标表示进度时间，纵坐标表示累计完成任务量，而绘制出一条按计划时间累计完成任务量的 S 形曲线，将施工内容的各检查时间实际完成的任务量与 S 形曲线进行实际进度与计划进度相比较的一种方法。

从整个施工全过程而言，一般是开始和结尾阶段，单位时间投入的资源量较少，中间阶段单位时间投入的资源量较多，与其相关，单位时间完成的任务量也呈现出同样的变化规律，如图 3-2a 所示。而随工程进展，累计完成的任务量则应该呈 S 形变化，如图 3-2b 所示。由于其形似英文字母“S”，S 形曲线因此而得名。

1）S 形曲线绘制方法。S 形曲线的绘制步骤如下：

①确定单位时间计划完成任务量。

②计算不同时间累计完成任务量。

③根据累计完成任务量绘制 S 形曲线。

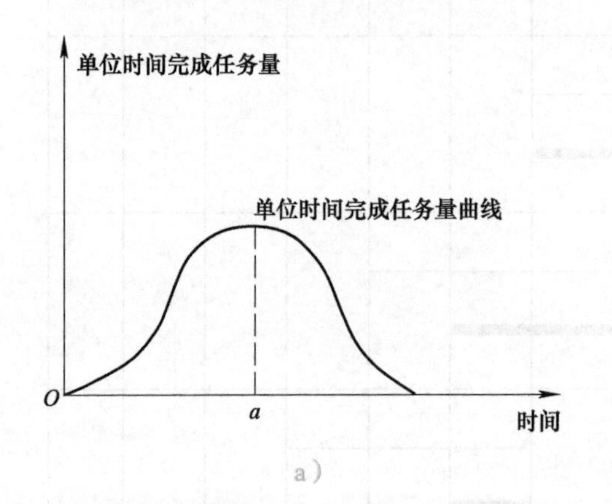

a）

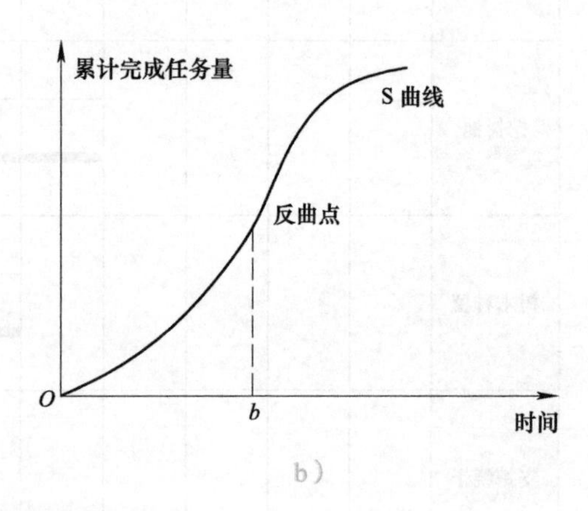

b）

图 3-2　时间与完成任务量关系曲线

2）S 形曲线比较。同横道图一样，S 形曲线比较法是在图上直观地进行施工实际进度与计划进度相比较。一般情况，计划进度控制人员在计划实施前绘制出 S 形曲线。在施工过程中，按规定时间将检查的实际完成情况，与计划 S 形曲线绘制在同一张图上，可得出实际进度 S 形曲线，如图 3-3 所示。通过比较两条 S 形曲线可以得到如下信息：

① 施工实际进度与计划进度比较，当实际工程进展点落在计划 S 形曲线左侧，则表示此时实际进度比计划进度超前；若落在其右侧，则表示拖后；若刚好落在其上，则表示二者一致。

② 施工实际进度比计划进度超前或拖后的时间，ΔT_a 表示在 T_a 时刻实际进度超前的时间；ΔT_b 表示在 T_b 时刻实际进度拖后的时间。

③ 施工实际进度比计划进度超额或拖欠的任务量如图 3-3 所示，ΔQ_a 表示在 T_a 时刻超额完成的任务量；ΔQ_b 表示在 T_b 时刻，拖欠的任务量。

④ 预测工程进度。后期工程按原计划速度进行，则后期工程计划 S 曲线如图 3-3 中虚线所示，从中可以确定工期拖延预测值为 ΔT。

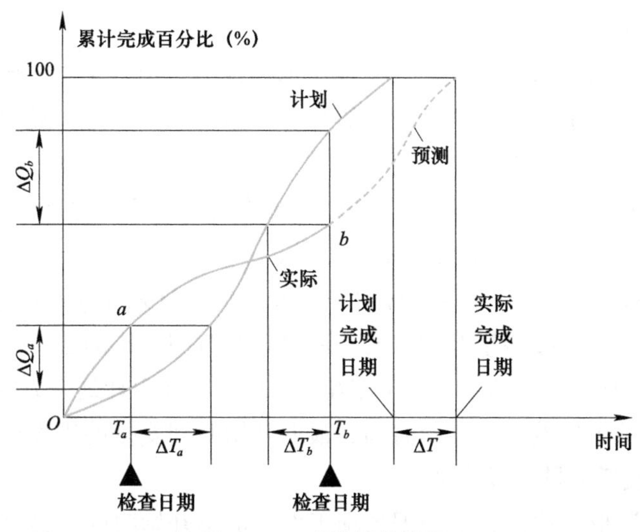

图 3-3　S 形曲线比较图

（3）“香蕉”形曲线比较法

1）“香蕉”形曲线的定义。“香蕉”形曲线是两条 S 形曲线组合成的闭合曲线。从 S 形曲线比较法中得知，按某一时间开始的施工的进度计划，其计划实施过程中进行时间与累计完成任务量的关系都可以用一条 S 形曲线表示。对于一个施工的网络计划，在理论上总是分为最早和最迟两种开始与完成时间的。因此，一般情况，任何一个施工的网络计划，都可以绘制出两条曲线。其一是计划以各项工作的最早开始时间安排进度而绘制的 S 形曲线，称为 ES 曲线。其二是计划以各项工作的最迟开始时间安排进度而绘制的 S 形曲线，称为 LS 曲线。两条 S 形曲线都是从计划的开始时刻开始和完成时刻结束，因此两条曲线是闭合的。一般情况，除开始时刻和完成时刻外的其余时刻，ES 曲线上的各点均落在 LS 曲线相应点的左侧，形成一个形如“香蕉”的曲线，故此称为“香蕉”形曲线，如图 3-4 所示。

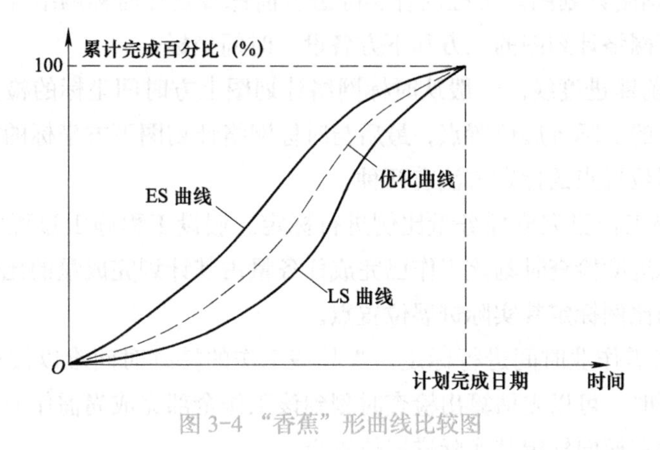

图 3-4　“香蕉”形曲线比较图

在工程施工过程中进度控制的理想状况是任一时刻按实际进度描绘的点，应落在该“香蕉”形曲线的区域内。

2）“香蕉”形曲线的作图方法。“香蕉”形曲线的作图方法与S形曲线的作图方法基本一致，所不同之处在于它是分别以工作的最早开始时间和最迟开始时间来绘制的两条S形曲线的结合。其具体步骤如下：

①以施工工程的网络计划为基础，计算各项工作的最早开始时间和最迟开始时间。

②确定各项工作在不同时间计划完成任务量。

③计算施工工程总任务量，即对所有工作在单位时间计划完成的任务量累加求和。

④分别根据各项工作按最早开始时间、最迟开始时间安排的进度计划，确定工程在各单位时间计划完成的任务量，即将各项工作在某一单位时间内计划完成的任务量求和。

⑤分别根据各项工作按最早开始时间、最迟开始时间安排的进度计划，确定不同时间累计完成的任务量或任务量的百分比。

⑥绘制“香蕉”形曲线。分别根据各项工作按最早开始时间、最迟开始时间安排的进度计划而确定的不同时间累计完成的任务量或任务量的百分比描绘各点，并连接各点得ES曲线和LS曲线，由ES曲线和LS曲线组成“香蕉”形曲线。

在工程实施过程中，按同样的方法，将每次检查的各项工作实际完成的任务量，按同样的方法在原计划“香蕉”形曲线的平面内绘出实际进度曲线，便可以进行实际进度与计划进度的比较。

（4）前锋线比较法

前锋线比较法是通过绘制某检查时刻工程内容的实际进度前锋线，进行工程实际进度与计划进度比较的方法，它主要适用于时标网络计划。所谓前锋线是指在原时标网络计划上，从检查时刻的时标点出发，用点画线一次将各项工作实际进展位置点连接而成的折线。前锋线比较法就是通过实际进度前锋线与原进度计划中各工作箭线交点的位置来判断工作实际进度与计划进度的偏差，进而判定该偏差对后续工作及总工期影响程度的一种方法。采用前锋线比较法进行实际进度与计划进度的比较，其步骤如下：

1）绘制时标网络计划图。工程内容实际进度前锋线是在时标网络计划上标示的，为清楚起见，可在时标网络计划图的上方和下方各设一时间坐标。

2）绘制实际前锋进度线。一般从时标网络计划图上方时间坐标的检查日期开始绘制，依次连接相邻工作的实际进展位置点，最后与时标网络计划图下方坐标的检查日期相连接。

工作实际进展位置点的标定方法有两种：

第一种是按该工作已完成任务量比例进行标定。假设工程施工过程中各项工作均为匀速进展，根据实际进度检查时刻该工作已完成任务量占其计划完成量的比例，在工作箭线上从左至右按相同的比例标定其实际进展位置点。

第二种是按尚需作业时间进行标定。当某些工作的持续时间难以按实物工程量来计算而只能凭经验估算时，可以先估算出检查时刻到该工作全部完成尚需作业的时间，然后在该工作箭线上从右向左逆向标定其实际进展位置点。

3）进行实际进度与计划进度的比较。前锋线可以直观地反映出检查日期有关工作实际进度与计划进度之间的关系。对某项工作来说，其实际进度与计划进度之间的关系可能存在以下三种情况：

第一种是工作实际进展位置点落在检查日期的左侧，表明该工作实际进度落后，拖后的时间为二者之差。

第二种是工作实际进展位置点与检查日期重合，表明该工作实际进度与计划进度一致。

第三种是工作实际进展位置点落在检查日期的右侧，表明该工作实际进度超前，超前的时间为二者之差。

4）预测进度偏差对后续工作及总工期的影响。通过实际进度与计划进度的比较确定进度偏差后，还可根据工作的自由时差和总时差预测该进度偏差对后续工作及总工期的影响。由此可见，前锋线比较法既适用于工作实际进度与计划进度之间的局部比较，又可用来分析和预测工程整体进度状况。

例 3-2

某园林工程时标网络计划如图3-5所示。该计划执行到第6周末，检查实际进度时，发现工作A和B已全部完成，工作D和E分别完成计划任务量的20%和50%，工作C尚需3周完成，试用前锋线法进行实际进度与计划进度的比较。

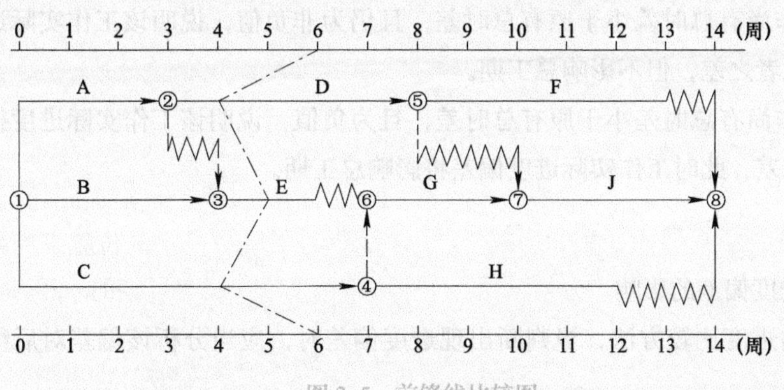

图 3-5 前锋线比较图

解： 根据第6周末实际进度的检查结果绘制前锋线，如图3-5中点画线所示。通过比较可以看出：

（1）工作D比计划进度拖后2周，将使其后续工作F的最早开始时间推迟2周，并使总工期延长1周。

（2）工作E比计划进度拖后1周，既不影响总工期，也不影响其后续工作的正常运行。

（3）工作C比计划进度拖后2周，将使其后续工作G、H、J的最早开始时间推迟2周。由于工作G、J开始时间的延迟，从而使总工期延长2周。

综上所述，如果不采取措施加快进度，该园林工程项目的总工期将延长2周。

（5）列表比较法

当工程进度计划用非时标网络图表示时，可以采用列表比较法进行实际进度与计划进度的比较。这种方法是记录检查日期应该进行的工作名称及其已经作业的时间，然后列表计算有关时间参数，并根据工作总时差进行实际进度与计划进度比较的方法。

采用列表比较法进行实际进度与计划进度的比较，其步骤如下：

1）对于实际进度检查日期应该进行的工作，根据已经作业的时间，确定其尚需作业时间。

2）根据原进度计划计算检查日期应该进行的工作从检查日期到原计划最迟完成时尚余时间。

3）计算工作尚有总时差，其值等于工作从检查日期到原计划最迟完成时间尚余时间与该工作尚需作业时间之差。

4）比较实际进度与计划进度，可能有以下几种情况：

① 如果工作尚有总时差与原有总时差相等，说明该工作实际进度与计划进度一致。

② 如果工作尚有总时差大于原有总时差，说明该工作实际进度超前，超前的时间为二者之差。

③ 如果工作尚有总时差小于原有总时差，且仍为非负值，说明该工作实际进度拖后，拖后的时间为二者之差，但不影响总工期。

④ 如果工作尚有总时差小于原有总时差，且为负值，说明该工作实际进度拖后，拖后的时间为二者之差，此时工作实际进度偏差将影响总工期。

2. 调整施工进度计划

（1）分析进度偏差的影响

通过前述的进度比较方法，当判断出现进度偏差时，应当分析该偏差对后续工作和对总工期的影响。

1）分析进度偏差的工作是否为关键工作。若出现偏差的工作为关键工作，则无论偏差大小，都对后续工作及总工期产生影响，必须采取相应的调整措施；若出现偏差的工作不为关键工作，需要根据偏差值与总时差和自由时差的大小关系，确定对后续工作和总工期的影响程度。

2）分析进度偏差是否大于总时差。若工作的进度偏差大于该工作的总时差，说明此偏差必将影响后续工作和总工期，必须采取相应的调整措施；若工作的进度偏差小于或等于该工作的总时差，说明此偏差对总工期无影响，但它对后续工作的影响程度，需要根据比较偏差与自由时差的情况来确定。

3）分析进度偏差是否大于自由时差。若工作的进度偏差大于该工作的自由时差，说明此偏差对后续工作产生影响，该如何调整，应根据后续工作允许影响的程度而定；若工作的进度偏差小于或等于该工作的自由时差，则说明此偏差对后续工作无影响，因此，原进度计划可以不做调整。

进度分析偏差的分析判断过程如图 3-6 所示。经过如此分析，进度控制人员可以确认应该调整产生进度偏差的工作和调整偏差值的大小，以便确定采取调整措施，获得符合实际进度情况和计划目标的新进度计划。

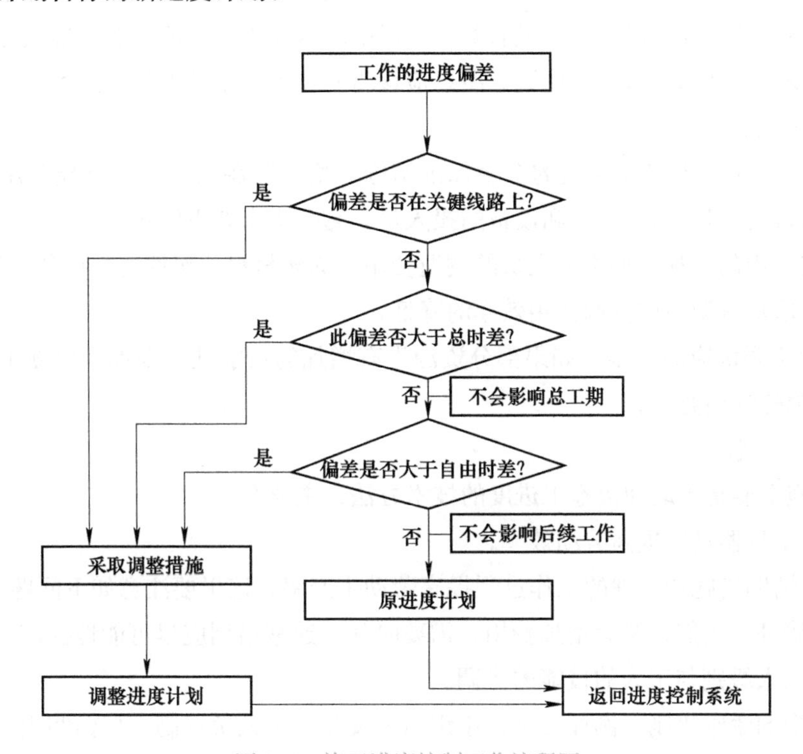

图 3-6　施工进度控制工作流程图

（2）施工进度计划的调整方法

在对实施的进度计划分析的基础上，应确定调整原计划的方法，一般主要有以下两种：

1）改变某些工作间的逻辑关系。若检查的实际施工进度产生的偏差影响了总工期，在工作之间的逻辑关系允许改变的条件下，可以改变关键线路和超过计划工期的非关键线路上的有关工作之间的逻辑关系，以达到缩短工期的目的。用这种方法调整的效果是很显著的，例如可以把依次进行的有关工作改为平行的或互相搭接的，或分成几个施工段进行流水施工。

2）缩短某些工作的持续时间。这种方法是不改变工作之间的逻辑关系，而是缩短某些工作的持续时间，以使施工进度加快，并保证实现计划工期。这些被压缩持续时间的工作是位于因实际施工进度的拖延而总工期增长的关键线路和某些非关键线路上的工作。同时，这些工作又是可压缩持续时间的工作。这种方法实际上就是网络计划优化中的工期优化方法和工期与成本优化的方法，此处不赘述。

3. 常用的赶工措施

施工进度控制采取的主要措施有经济措施、技术措施、合同措施、组织措施和信息管理措施等。

与在计划阶段压缩工期一样，解决进度拖延有许多方法，但每种方法都有它的适用条件、限制，且会带来一些负面影响。人们以往的讨论以及在实际工作中，都将重点集中在时间问题上，这是不对的。许多措施常常没有效果，或引起其他更严重的问题，最典型的是增加成本开支、现场的混乱和引起质量问题。所以应该将它作为一个新的计划过程来处理。

（1）经济措施

经济措施是指实现进度计划的资金保证措施。增加资源投入，这是最常用的办法。例如增加劳动力、材料、周转材料和设备的投入量。它会带来如下问题：

1）造成费用的增加，如增加人员的调遣费用、周转材料一次性费、设备的进出场费。

2）由于增加资源造成资源使用效率的降低。

3）加剧资源供应的困难，如果部分资源没有增加的可能性，则加剧分项工程之间或工序之间对资源的激烈竞争。

（2）技术措施

技术措施主要是采取加快施工进度的技术方法，主要有：

1）改善工具器具以提高劳动效率。

2）通过辅助措施和合理的工作过程提高劳动生产率。这里要注意如下问题：

①加强培训，当然这又会增加费用，需要时间，通常培训应尽可能地提前。

②注意工人级别与工人的技能的协调。

③工作中的激励机制，例如奖金、小组精神发扬、个人负责制、目标明确。

④改善工作环境及工程的公用设施（需要花费）。

⑤施工小组时间上和空间上合理的组合和搭接。

⑥避免施工组织中的矛盾，多沟通。

3）改变网络计划中工程活动的逻辑关系，如将前后顺序工作改为平行工作，或采用流水施工的方法。这又可能产生如下问题：

①工程活动逻辑上的矛盾性。

②资源的限制，平行施工要增加资源的投入强度，尽管投入总量不变。

③工作面限制及由此产生的现场混乱和低效率问题。

4）将一些工作包合并，特别是将在关键线路上按先后顺序实施的工作包合并，与实施者共同研究，通过局部地调整实施过程和人力、物力的分配，达到缩短工期的目的。如图 3-7 所示，通常 A1、A2 两项工作如果由两个单位分包按次序施工，则它的持续时间较长；而如果将它们合并为 A，由一个单位来完成，则持续时间就会大大地缩短。这是由于：两个单位分别负责，则它们都经过前期准备低效率→正常施工→后期低效率过程，则总的平均效率很低。

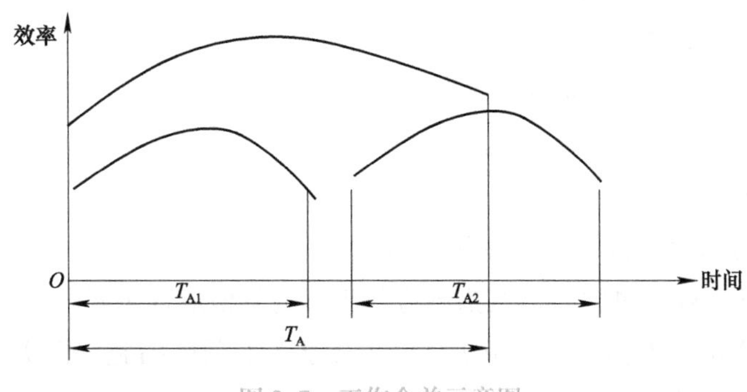

图 3-7 工作合并示意图

① 由于由两个单位分别负责，中间有一个对 A1 工作的检查、打扫、场地交接和对 A2 准备的过程，会使工期延长，这由分包合同或工作任务单所决定。

② 如果合并由一个单位完成，则平均效率会高一些，而且许多工作能够穿插进行。

③ 实践证明，采用“设计 - 施工”总承包，或工程管理总承包，比分阶段、分专业平行承包工期大大缩短。

5）修改实施方案。例如将现浇混凝土改为场外预制，现场安装，这样可以提高施工速度。例如在某一国际工程中，原施工方案为现浇混凝土，工期较长。进一步调查发现该国技术木工缺乏，劳动力的素质和可培训性较差，无法保证原工期，后来采用预制装配施工方案，则大大缩短了工期。当然这一方面必须有可用的资源，另一方面又须考虑成本的超支。

（3）合同措施

合同措施是指对分包单位签订施工合同的合同工期与有关进度计划目标相协调。

（4）组织措施

组织措施主要是指落实各层次的进度控制的人员，具体任务和工作责任，建立进度控制的组织系统；按照施工工程的结构、进展的阶段或合同结构等进行工程分解，确定其进度目标，建立控制目标体系；确定进度控制工作制度，如检查时间和方法、协调会议时间和参加人等；对影响进度的因素进行分析和预测。

1）重新分配资源，例如将服务部门的人员投入生产中去，投入风险准备资源，采用加班或多班制工作。

2）减少工作范围，包括减少工作量或删去一些工作包（或分项工程）。但这可能产生如下影响：

① 对工程的完整性以及经济、安全、高效率运行产生影响，或提高工程运行费用。

② 必须经过上层管理者，如投资者、业主的批准。

（5）信息管理措施

信息管理措施是指不断地收集施工实际进度的有关资料，对其进行整理统计，并与计划进度比较，定期地向建设单位提供比较报告。

（6）采取措施时应注意的问题

1）在选择措施时，要考虑到：

①赶工应符合工程的总目标与总战略。

②措施应是有效的、可以实现的。

③花费比较省。

④对工程的实施、承包商及供应商的影响面较小。

2）在制订后续工作计划时，这些措施应与工程的其他过程协调。

3）在实际工作中，人们常常采用了许多事先认为有效的措施，但实际效果却很小，常常达不到预期的缩短工期的效果。这是由于：

①这些计划是无正常计划期状态下的计划，常常是不周全的。

②缺少协调，没有将加速的要求、措施、新的计划、可能引起的问题通知相关各方，如其他分包商、供应商、运输单位、设计单位。

③人们对以前的造成拖延的问题的影响认识不清。例如由于外界干扰，到目前为止已造成两周的拖延，实质上，这些影响是有惯性的，还会继续扩大，所以即使现在采取措施，在一段时间内，其效果很小，拖延仍会继续扩大。

复习思考题

一、填空题

1. 施工进度控制的总目标是确保施工工程的（　　）的实现，或者在保证（　　）和不因此而增加（　　）的条件下，适当缩短施工工期。

2. 施工进度控制方法主要是（　　）、（　　）和（　　）。

3. 施工进度可分为（　　）、（　　）和（　　），在进度控制的不同阶段，控制的内容也不一样。其中（　　）的内容最复杂也最关键。

4. 常用的比较实际进度与计划进度的方法有（　　）、（　　）、（　　）、（　　）和（　　）。

5. 施工进度控制采取的主要措施（　　）、（　　）、（　　）、（　　）和（　　）。

二、简答题

1. 施工进度控制原理有哪些？

2. 施工阶段进度控制的主要内容有哪些？

3. 简述横道图比较法的优劣。

4. 影响施工进度的因素有哪些？

5. 施工进度调整常用的措施有哪些？各有何特点？

任务3.2 园林工程施工质量控制

3.2.1 理解园林工程施工质量控制相关概念

1. 施工质量

施工质量是指通过施工全过程所形成的工程质量，使之满足用户从事生产或生活需要，而且必须达到设计、规范和合同规定的质量标准。

工程施工是使业主及工程设计意图最终实现并形成工程实体的阶段，也是最终形成工程产品质量和工程使用价值的重要阶段。施工质量的优劣，不但关系到工程的适用性，而且还关系到人民生命财产的安全。

2. 质量控制

质量控制是为达到质量要求所采取的作业技术和活动。质量控制目标是施工管理中一个主要目标。在市场竞争机制下，质量是企业的信誉，有了信誉，才能提高竞争力和效益。质量与进度、成本、安全之间有着密切的联系，它们之间存在着辩证统一的关系，进度过快、成本降低都可能降低工程质量，进而产生安全隐患。所以，质量是园林工程施工的核心，要达到一个高的工程施工质量，就需要进行全面质量管理。

3. 全面质量管理

全面质量管理（Total Quality Control，TQC），又称为“三全管理”，即全过程的管理、全企业的管理和全体人员的管理。

全面质量管理是企业为了保证和提高工程质量，对施工的整个企业、全部人员和施工全部过程进行的质量管理。它包括了产品质量、工序质量和工作质量，参与质量管理的人员也是全面的，要求施工部门及全体人员在整个施工过程中都应积极主动地参与工程质量管理。

3.2.2 分析园林工程质量的形成因素和阶段因素

1. 人的质量意识和质量能力

人是质量活动的主体，对园林工程而言，人是泛指与工程有关的单位、组织及个人，包括：建设单位、勘察设计单位、施工承包单位、监理及咨询服务单位、政府主管及工程质量监督监测单位、策划者、设计者、作业者、管理者等。与工程相关的每一个人的工作态度、操作技能和施工质量控制意识等，都是影响园林工程质量的主要因素。尤其在具体施工过程中，需要施工人员具备临场应变能力，将质量和安全置于第一位，加强现场施工质量和施工技术流程监督管理。

2. 园林建筑材料、植物材料及相关工程用品的质量

园林工程质量的水平很大程度上取决于园林材料和栽培园艺的发展。原材料及园林建筑装饰材料及其制品的开发，导致人们对风景园林和景观建设产品的需求不断趋新、趋美和多样性。因此，合理选择材料，所用材料、构配件和工程用品的质量规格、性能特征是否符合设计规定标准，直接关系到园林工程的质量形成。

3. 工程施工环境

工程施工环境包括地质、地貌、水文、气候等自然环境和施工现场的通风、照明、安全卫生防护设施等劳动作业环境，以及由工程承发包合同所涉及的多单位多专业共同施工的管理关系、组织协调方式和现场质量控制系统等构成的环境。工程施工环境对工程质量的形成具有相当大的影响。

4. 决策因素（阶段因素）

决策因素是指经过可行性研究、资源论证、市场预测后决策的质量。决策人应从科学发展观的高度，充分考虑质量目标的控制水平和可能实现的技术经济条件，确保社会资源不浪费。

5. 设计阶段因素

园林植物的选择、植物资源的生态习性以及园林建筑物构造与结构设计的合理性、可靠性以及可施工性都直接影响工程质量。

6. 工程施工阶段质量

施工阶段是实现质量目标的重要过程，首要的是施工方案的质量，包括施工技术方案和施工组织方案。前者是指施工的技术、工艺、方法和机械、设备、模具等施工手段的配置，后者是指施工程序、工艺顺序、施工流向、劳动组织方面的决定和安排。通常的施工程序是先准备后施工，先场外后场内，先地下后地上，先深后浅，先栽植后道路，先绿化后铺装等，这些都应在施工方案中明确，并编制相应的施工组织设计。

7. 工程养护质量

园林工程的质量体现在生态和景观上，而生态和景观质量的形成取决于施工过程和工程养护，因此园林工程最终产品的形成取决于工程养护期的工作质量。工程养护对绿化景观含量高的工程尤其重要，这就是园林工程行业人士常说的“三分施工，七分养管”的意义所在。

3.2.3 理解园林工程质量特点

园林工程产品（园林建筑、绿化产品）质量与工业产品质量的形成有显著的不同。园林工程产品位置固定，占地面积通常较大，园林建筑单体结构较复杂、体量较小、分布零散、整体协调性要求高；园林植物材料具有生命力；施工工艺流动性大，操作方法多样；园林要

素构成复杂，质量要求不同，特别是对满足“隐含需要”的质量要求很难把握；露天作业受自然和气候条件制约因素多，建设周期较长。所有这些特点，导致了园林工程质量控制难度与其他建设项目的不同，具体表现在：

1）制约工程质量的因素多，随机的、不确定的因素多。

2）工程质量波动大，复杂性高。

3）考核判断工程质量的难度大。

4）工程软质景观质量考评标准带有很强的专业性、地方性和主观性。

5）技术检测手段很不完善。

6）产品检查很难拆卸解体。

因此，园林工程质量控制成为项目经理的首要工作任务，必须早期介入工程并进行全过程、全方位的质量控制。

3.2.4 掌握全面质量控制的程序

全面质量控制可分为四个阶段和八个步骤及七种工具。

1. 四个阶段，也叫 PDCA 循环

质量管理和其他各项管理工作一样，要做到有计划、有措施、有执行、有检查、有总结，才能使整个管理工作循序渐进，保证工程质量不断提高。为不断揭示项目施工过程在生产、技术、管理诸方面的质量问题，采用 PDCA 循环方法。PDCA 循环如图 3-8 所示。

第一阶段为计划（P）阶段：确定任务、目标、活动计划和拟定措施。

第二阶段为执行（D）阶段：按照计划要求及制定的质量目标、质量标准、操作规程去组织实施，进行作业标准教育，按作业标准施工。

第三阶段为检查（C）阶段：通过作业过程、作业结果将实际工作结果与计划内容相对比，通过检查，看是否达到预期效果，找出问题和异常情况。

第四阶段为处理（A）阶段：总结经验，改正缺点，将遗留问题转入下一阶段循环。

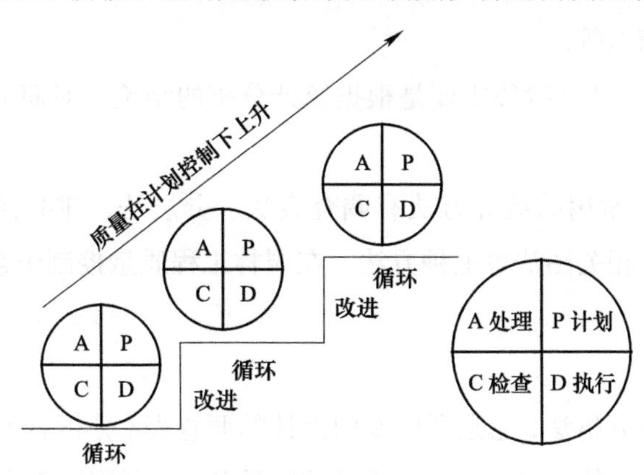

图 3-8 PDCA 循环示意图

2. 八个步骤

上述四个阶段又可分为八个步骤。第一阶段有四个步骤，第二、三阶段各有一个步骤，第四阶段有两个步骤，分述如下：

第一步，分析现状，找出存在的质量问题，并用数据加以说明。

第二步，分析原因。掌握质量规格、特性，分析产生质量问题的主要因素，尽可能将这些因素都罗列出来。

第三步，确定主因。找出影响质量问题的主要因素，通过抓主要因素解决质量问题。

第四步，针对影响问题的主要因素，制定计划和活动措施。计划和措施应明确，有目标、有期限、有分工。

第五步，执行计划。按既定的措施计划实施，即 D- 执行阶段。

第六步，检查效果。根据计划的要求，检查、验证实际执行的结果，看是否达到了预期的效果，即 C- 检查阶段。

第七步，处理检查结果，按检查结果，总结成败两方面的经验教训，成功的经验纳入标准、规程，予以巩固；不成功的，出现异常时，应调查原因，消除异常，吸取教训，引以为戒，防止再次发生。

第八步，将本循环尚未解决的问题，转入下一循环中去，通过再次循环求得解决。

随着循环管理的不停转动，原有的矛盾解决了，又会产生新的矛盾，矛盾不断产生而后又不断被克服，如此循环不止。每一次循环都把质量管理活动推向一个新的高度。

3. 工程质量统计分析的七种工具

统计分析方法通常分为以下三个阶段：

1）统计调查及整理阶段。在这一阶段内，主要是进行数据的收集、整理和归纳，并以某些质量特征数据来表示产品的质量性能。

2）统计分析阶段。这一阶段主要进行数据的统计分析，并找出内在的规律性，如波动的趋势及影响波动的因素等。

3）统计判断阶段。这一阶段主要是根据统计分析的结论，对研究对象的现况及发展趋势做出科学的判断。

工程质量控制中，常用的统计方法有调查表法、分层法、排列图法、因果分析图法、直方图法、控制图法、相关图法等七种方法。在园林工程质量控制中常用的方法主要有排列图法和因果分析图法。

（1）调查表法

调查表法又称调查分析法，它是利用专门设计的调查表（分析表）对质量数据进行收集、整理和粗略分析质量状态的一种方法。在质量控制活动中，利用调查表收集数据，简便灵活，便于整理，实用有效。此方法应用广泛，但没有固定格式，可根据实际需要和具体情况，设计出不同的调查表。常用的有：分项工程作业质量分布调查表、不合格项目调查表、不合格原因调查表、施工质量检查评定用调查表等。

应当指出，调查表往往同分层法结合起来应用，这样可以更好、更快地找出问题的原因，以便采取改进的措施。

（2）分层法

分层法又叫分类法、分组法，它是将调查收集的原始数据，根据不同的目的和要求，按某一性质进行分组、归类和整理的分析方法。分层的目的在于把杂乱无章和错综复杂的数据和意见加以归类汇总，以使数据层间的差异突出地显示出来，且使层内的数据差异减少。在此基础上再进行层间、层内的比较分析，以此更深入地发现和认识产生质量问题的原因。

分层的原则是使同一层内的数据波动（或意见差异）幅度尽可能小，而层与层之间的差别尽可能大。由于产品质量是多方面因素共同作用的结果，因而对同一批数据，可以按不同性质分层，使我们能从不同角度来考虑、分析产品存在的质量问题和影响因素。分层的方法很多，常用的有：

1）按操作班组或操作者分层。

2）按使用机械设备型号分层。

3）按操作方法分层。

4）按原材料规格、供应单位、供应时间或等级分层。

5）按施工时间分层。

6）按检查手段、工作环境等分层。

分层法是质量控制统计分析方法中最基本的一种方法，其他统计方法一般都要与分层法配合使用，如调查表法、排列图法、直方图法、控制图法、相关图法、因果图法等，常常是首先利用分层法将原始数据分类，然后再进行统计分析。

（3）排列图法

排列图法是利用排列图寻找影响质量主次因素的一种有效方法。排列图又叫巴雷特图或主次因素分析图，它由两个纵坐标、一个横坐标、几个连起来的直方形和一条曲线所组成，如图 3-9 所示。左侧的纵坐标表示频数或件数，右侧纵坐标表示累计频率，横坐标表示影响质量的因素或项目，按影响程度大小（频数）从左至右排列，直方形的高度示意某个因素的影响大小（频数）。实际应用中，通常按累计频率划分为（0～80%）、（80%～90%）、（90%～100%）三部分，与其对应的影响因素分别为 A、B、C 三类。A 类为主要因素，B 类为次要因素，C 类为一般因素。根据右侧纵坐标，画出累计频率曲线，又称巴雷特曲线。

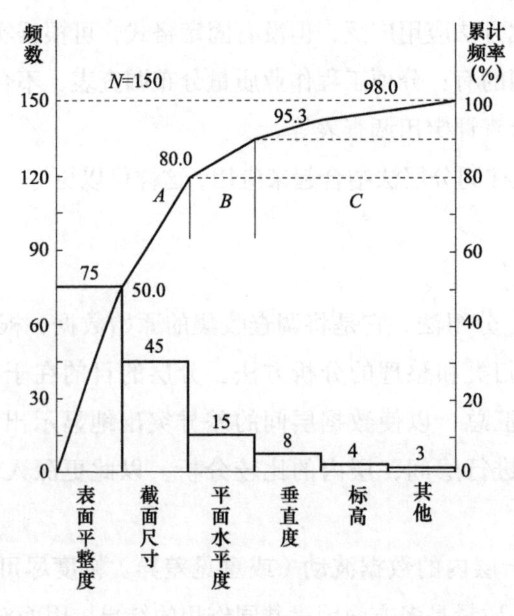

图 3-9　混凝土构件尺寸不合格排列图

(4）因果分析图法

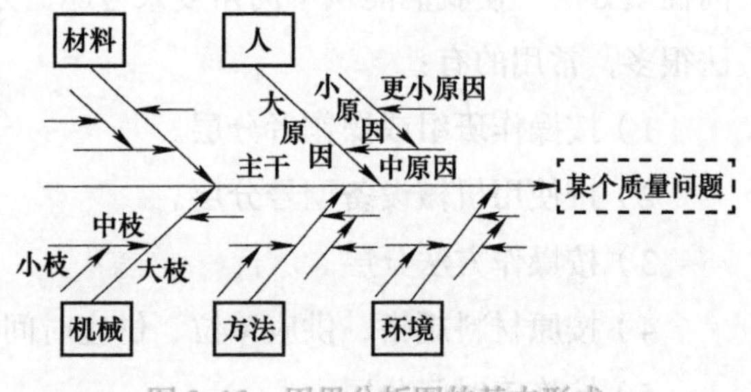

图 3-10　因果分析图的基本形式

因果分析图法又称为树枝图或鱼刺图，是一种逐步深入研究和讨论质量问题的图示方法。运用因果分析图可以帮助我们制定对策，解决工程质量上存在的问题，从而达到控制质量的目的。其基本形式如图 3-10 所示。由图可见，因果分析图由质量特性（即质量结果，是指某个质量问题）、要因（产生质量问题的主要原因）、枝干（指一系列箭线表示不同层次的原因）、主干（指较粗的直接指向质量结果的水平箭线）等组成。

在工程实践中，任何一种质量问题的产生，往往是由多种原因造成的。这些原因有大有小，把这些原因依照大小次序分别用主干、大枝、中枝和小枝图形表示出来，便可一目了然地系统观察出产生质量问题的原因。

因果分析图的绘制步骤与图中箭头方向恰恰相反，是从结果开始将原因逐层分解的，具体步骤如下：

1）明确质量问题（结果）。作图时首先由左至右画出一条水平主干线，箭头指向一个矩形框，框内注明研究的问题，即结果。

2）分析确定影响质量特性大的方面原因（质量特性的大枝）。一般来说，影响质量因素有五大方面，即人、机械、材料、方法、环境等，另外还可以按产品的生产过程进行分析。

3）将每种大原因进一步分解为中原因、小原因，直至分解的原因可以采取具体措施加以解决。

4）检查图中的所列原因是否齐全，可以对初步分析结果广泛征求意见，并做必要的补充及修改。

5）从最高层次的原因中选取和识别少量看起来对结果有最大影响的原因，做出标记“△”，以便对他们做进一步的研究，如收集资料、论证、试验、控制等。

例 3-3

某公园入口广场喷水池池壁漏水，未达设计要求，用因果分析法分析其原因。

解：通过对施工人员、材料、施工方法、施工环境等四个方面所进行的逐层次分析，找出导致水池漏水的原因如图 3-11 所示。在这些原因中，通过进一步分析，确定关键性的原因是防水材料不合格，基础处理差，施工人员责任心不强，也未按要求进行养护造成的。

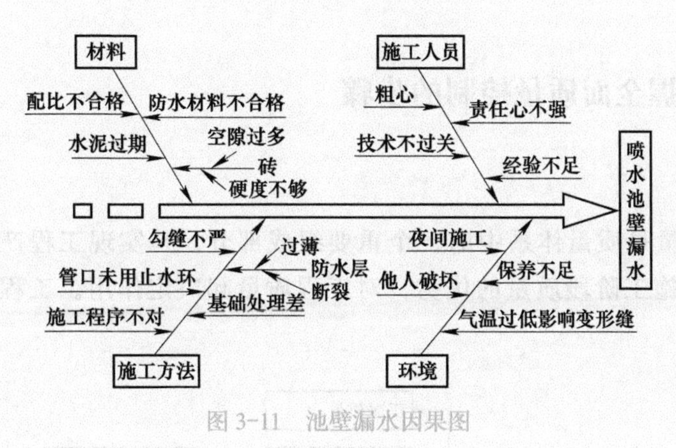

图 3-11 池壁漏水因果图

（5）直方图法

直方图又称频数分布直方图、质量分布图、矩形图。它是将收集到的质量数据进行分组整理，绘制成频数分布直方图，用以描述质量分布状态的一种分析方法。

通过直方图的观察与分析，可以了解产品质量的波动情况，掌握质量特性的分布规律，以便对质量状况进行分析判断。同时还可通过质量数据特征值的计算，估算施工生产过程总体的不合格率，评价过程能力等。但其缺点是不能反映动态变化，而且要求收集的数据较多（50 ～ 100 个，甚至更多），否则难以体现其规律。

（6）控制图法

控制图又称管理图，它是在直角坐标系内画有控制界限，描述生产过程中产品质量波动状态的图形。利用控制图区分质量波动原因，判明生产过程是否处于稳定状态的方法称为控制图法。质量波动一般有两种情况：一种是偶然性因素引起的质量波动，通常被称为正常波动；一种是系统性因素引起的波动，这种则属于异常波动。质量控制的目标就是要查找异常波动的原因，并加以排除，使质量只受正常波动的影响，符合正态分布的规律。

控制图上一般有三条线：在上面的一条虚线称为上控制界限，用符号 UCL 表示；在下面的一条虚线称为下控制界限，用符号 LCL 表示；中间的一条实线称为中心线，用符号 CL

表示。中心线标志着质量特性值分布的中心位置，上、下控制界限标志着质量特性值的区间。

（7）相关图法

相关图又称散布图，相关图法就是把两个变量之间的相关关系，用直角坐标系表示出来，借以观察判断两个质量数据之间的关系，通过控制容易测定的因素达到控制不宜测定的因素的目的，以便对产品或工序进行有效的控制。质量数据之间的关系多属相关关系。一般有三种类型：一是质量特性和影响因素之间的关系；二是质量特性和质量特性之间的关系；三是影响因素和影响因素之间的关系。

我们可以用 y 和 x 分别表示质量特性值和影响因素，通过绘制散布图，计算相关系数等，分析研究两个变量之间是否存在相关关系以及这种关系密切程度如何，进而通过对相关程度密切的两个变量中的一个变量的观察控制，去估计控制另一个变量的数值，以达到保证产品质量的目的。

3.2.5 掌握全面质量控制的步骤

1. 理解工程施工质量与工程施工质量系统

工程施工质量是质量体系中的一个重要组成部分，是实现工程产品功能和使用价值的关键阶段，施工阶段质量的优劣，对工程质量起决定作用。工程施工质量系统如图 3-12 所示。

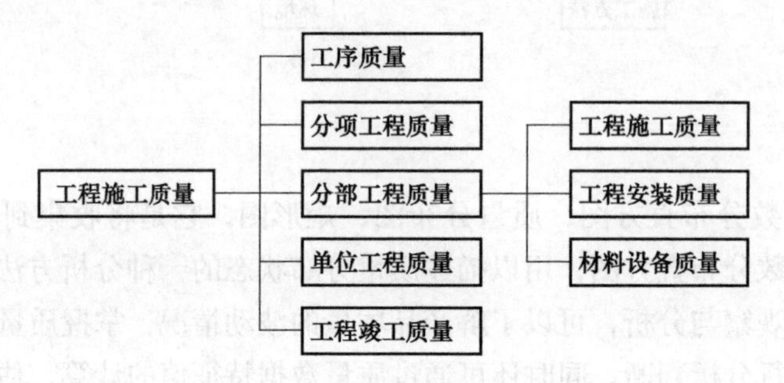

图 3-12 工程施工质量系统

2. 掌握施工质量控制的步骤

施工质量控制概括地讲就是为满足质量要求，满足工程合同、规范标准而采取的一系列措施、方法和手段。

施工质量控制一般的步骤如下：

1）制订推进计划。根据全面质量管理的基本要求，结合施工工程的实际情况，提出分析阶段的全面质量管理目标，进行方针目标管理，以及提出实现目标的措施和办法。

2）建立综合性的质量管理机构。选拔热衷于全面质量管理、有组织能力、精通业务的人员组建各级质量管理机构，负责推行全面质量管理工作。

3）建立工序管理点。在工序的薄弱环节或关键部位设立管理点，保证园林建设工程的质量。

4）建立质量体系。以一个施工项目作为系数，建立完整的质量体系。项目的质量体系由各部门和各类人员的质量职责和权限、组织机构、所必需的资源和人员、质量体系各项活动的工作程序等组成。

5）全面开展过程的质量管理，即施工准备工作、施工过程、竣工交付和竣工后服务的质量管理。

根据工程施工质量的构成过程及相应的影响因素，质量控制目标可分解为图 3-13 所示的内容。

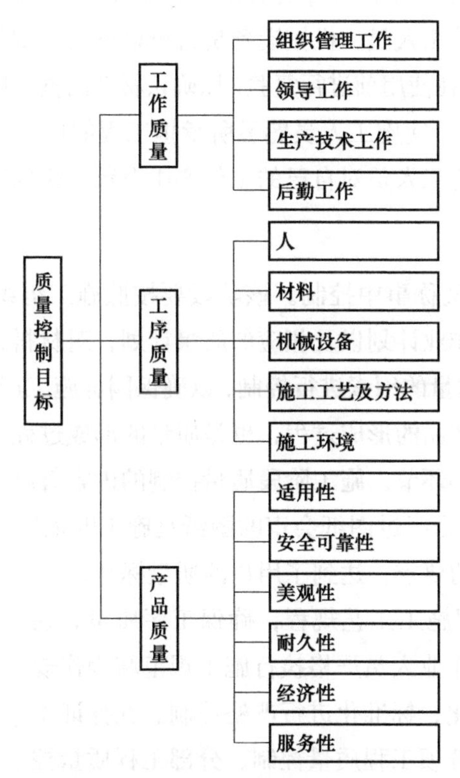

图 3-13　工程质量控制目标分解

3.2.6　做好各阶段的质量控制

1. 控制施工准备阶段质量

施工准备阶段的质量控制又称事前控制，属于一种预防性控制，是为保证园林施工正常进行而必须事先做好的工作。施工准备不仅在工程开工前要做好，而且贯穿于整个施工过程。施工准备的基本任务就是为工程建立一切必要的施工条件，确保施工生产顺利进行，确保工程质量符合要求。施工准备阶段对施工质量有很大影响，由于施工准备内容很多，这里仅叙述事前控制的一些主要方面。

1）积极参加好图纸会审和设计交底等工作，对设计意图、内容要求等做全面了解。对工程勘探资料进行复合。

2）做好施工组织设计编制过程中的质量控制。施工组织设计是指导施工准备和组织施工的全面性技术经济文件。对施工组织设计，要求进行两个方面的控制：一是选定施工方案后，制定施工进度时，必须考虑施工顺序、施工流向，主要分部、分项工程的施工方法，特殊项目的施工方法和技术措施能否保证工作质量；二是制定施工方案时，必须进行技术经济比较，使园林建设工程在满足设计要求和保证质量的前提下，施工工期短、成本低、安全生产、效益好。

3）要检查临时设施的搭设是否符合质量和使用要求。检查参加施工的人员是否具备相应的操作技术和资格，检查施工人员、机械设备是否可以进入正常的作业运行状态。对原材料要逐一核实产品合格证，或在使用前进行复验，以确认材料的真实质量，保证其符合设计要求。

4）做好技术交底工作，使施工人员熟悉所承担工程的情况、设计意图、技术要求、施工方法、质量标准，做到施工人员对自己的工作心中有数，确保工程质量。

2. 控制施工阶段质量

施工阶段的质量控制又称事中控制。该阶段要按照施工组织设计总进度计划，编制具体的月度和分项工程施工作业计划以及相应的质量计划，对材料、机具设备、施工工艺、操作人员、生产环境等影响质量的因素进行控制，以确保园林施工产品总体质量处于稳定状态。由于施工的过程就是园林产品的形成过程，也是质量的形成过程，所以，施工阶段的质量控制就是施工质量控制的中心环节。施工阶段质量控制的内容有以下几点：

1）必须按图施工。因为经过图纸会审的图纸是施工的依据，从理论上讲，满足了图纸的要求，也就满足了用户的要求，达到了用户的质量标准。

2）严格遵守园林工程施工工艺规程，确保工序质量。在技术交底的基础上，要求作业人员严格执行施工规范和操作规程，对每道工序按照规范化、标准化进行严格控制。在保证工序质量的基础上，实现对分项工程质量控制、分部工程质量控制、单位工程质量控制，进而实现对整个建设项目的质量控制，如图 3-14 所示。

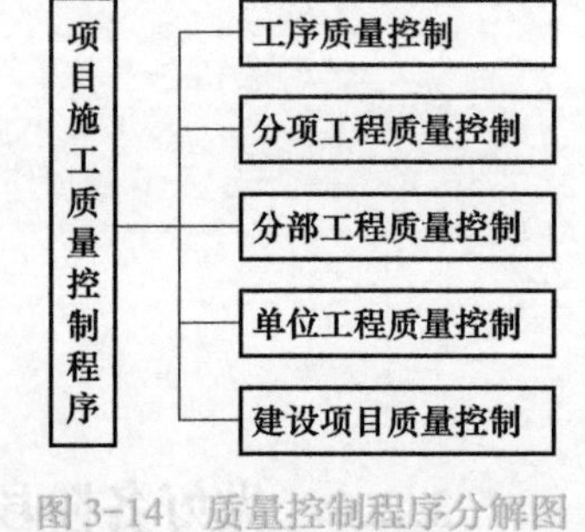

图 3-14 质量控制程序分解图

3）设置工序质量控制点。控制点是指为了保证工序质量而需要进行控制的重点。因为在施工过程中，每道工序对工程质量的影响程度是不同的，施工条件、内容、质量标准等也是不同的。所以，设置质量控制点可在一定时期内、一定条件下实行质量控制的强化管理，使工序质量处于良好的状态，从而使工程施工质量控制得到了保证。

4）及时进行质量检查。施工过程中，应及时地对每道工序进行质量检查，及时掌握质量动态，一旦发现质量问题，随即研究处理，使每道工序质量满足规范和标准的要求。

3. 控制竣工验收阶段质量

竣工验收阶段的控制又称事后控制，它属于一种合格控制。园林工程产品的竣工验收包含两个方面的含义：

（1）工序间的交工验收工作的质量控制

工程施工中往往上道工序的质量成果被下道工序所覆盖，分项或分部工程质量被后续的分项或分部工程所覆盖。因此，要对施工全过程中的隐蔽工程施工的各工序进行质量控制，保证不合格工序不转入下道工序。

（2）竣工交付使用阶段的质量控制

单位工程或单项工程竣工后，由施工工程的上级部门严格按照设计图纸、施工说明书及竣工验收标准，对工程的施工质量进行全面鉴定，评定等级，作为竣工交付的依据。工程进入交工验收阶段，应有计划、有步骤、有重点地进行收尾工程的清理工作，通过交工前的预验收，找出漏项项目和需要修补的工程，并及早安排施工。工程经自检、互检后，与建设单位、设计单位和上级有关部门进行正式的交工验收工作。

影响园林工程施工质量因素

影响园林工程施工质量的因素主要有五大方面，即4M1E，指：人（Man）、材料（Material）、机械（Machine）、方法（Method）和环境（Environment），如图3-15所示。事前对这五方面的因素严加控制，是保证施工质量的关键。

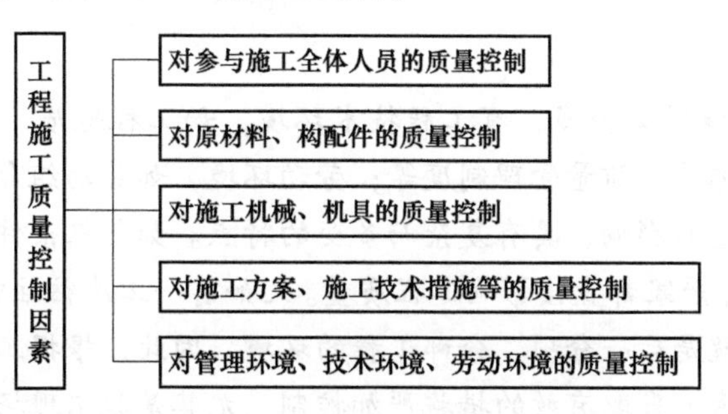

图3-15 工程施工质量控制因素

1. 人的控制

人，是指直接参与施工的组织者、指挥者和操作者。人，作为控制的对象，是要避免产生失误；作为控制的动力，是要充分调动人的积极性，发挥人的主导作用。为此，除了加强政治思想教育、劳动纪律教育、职业道德教育、专业技术培训，健全岗位责任制，改善劳动条件，公平合理地激励劳动热情以外，还需根据工程特点，从确保质量出发，在人的技术水平、人的生理缺陷、人的心理行为、人的错误行为等方面来控制人的使用。如对技术复杂、难度大、精度高的工序或操作，应由技术熟练、经验丰富的工人来完成；反应迟钝、应变能力差的人，不能操作快速运行、动作复杂的机械设备；对某些要求万无一失的工序和操作，一定要分析人的心理行为，控制人的思想活动，稳定人的情绪；对具有危险源的现场作业，应控制人的错误行为，严禁吸烟、打赌、嬉戏、误判断、误动作等。

此外，应严格禁止无技术资质的人员上岗操作；对不懂装懂、图省事、碰运气、有意违章的行为，必须及时制止。总之，在使用人的问题上，应从政治素质、思想素质、业务素质和身体素质等方面综合考虑，全面控制。

2. 材料的控制

材料控制包括原材料、成品、半成品、构配件等的控制，主要是严格检查验收，正确合理地使用，建立管理台账，进行收、发、储、运等各环节的技术管理，避免混料和将不合格的原材料使用到工程上。

3. 机械控制

机械控制包括施工机械设备、工具等控制。要根据不同工艺特点和技术要求，选用合适的机械设备，正确使用、管理和保养好机械设备。为此要健全“人机固定”制度、“操作证”制度、岗位责任制度、交接班制度、“技术保养”制度、“安全使用”制度、机械设备检查制度等，确保机械设备处于最佳使用状态。

4. 方法控制

这里所指的方法控制，包含施工方案、施工工艺、施工组织设计、施工技术措施等的控制，主要应切合工程实际、能解决施工难题、技术可行、经济合理，有利于保证质量、加快进度、降低成本。

5. 环境控制

影响工程质量的环境因素较多，有工程技术环境，如工程地质、水文、气象等；工程管理环境，如质量保证体系、质量管理制度等；劳动环境，如劳动组合、作业场所、工作面等。环境因素对工程质量的影响，具有复杂而多变的特点。如气象条件就变化万千，温度、湿度、大风、暴雨、酷暑、严寒都直接影响工程质量。又如前一工序往往就是后一工序的环境，前一分项、分部工程也就是后一分项、分部工程的环境。因此，根据工程特点和具体条件，应对影响质量的环境因素，采取有效的措施严加控制。尤其是施工现场，应建立文明施工和文明生产的环境，保持材料工件堆放有序，道路畅通，工作场所清洁整齐，施工程序井井有条，为确保质量、安全创造良好条件。

复习思考题

一、填空题

1. 全面质量管理（Total Quality Control，TQC），又称为（　　），是企业为了保证

和提高工程质量，对施工的整个企业、全部人员和施工全部过程进行质量管理，它包括了（　　）、（　　）和（　　）。

2. 施工阶段是实现质量目标的重要过程，首要的是（　　）的质量，包括（　　）和（　　）。

3. 园林工程施工质量包括（　　）、（　　）、（　　）、（　　）和（　　）。

4. 全面质量控制可分为（　　）阶段和（　　）步骤及（　　）。其中四个阶段又称（　　），分别为（　　）阶段、（　　）阶段、（　　）阶段和（　　）阶段。

5. 施工质量控制包括（　　）阶段、（　　）阶段和（　　）阶段三个阶段的控制。

二、简答题

1. 园林工程质量的形成因素和阶段因素有哪些?
2. 简述园林建设工程质量的特点。
3. 全面质量控制的八个步骤是什么?
4. 施工准备阶段质量控制的主要方面有哪些?
5. 施工阶段质量控制的主要方面有哪些?

任务3.3　园林工程施工成本控制

3.3.1　理解园林工程施工成本相关概念

目前园林工程施工市场全面开放，基本上全面推行招投标制，管理机制日趋完善，市场竞争日趋激烈，利润的空间有限，园林工程施工企业要想创造效益，就必须严格做好施工项目成本管理。园林工程施工成本控制的目的，在于降低项目成本，提高经济效益。

1. 园林工程施工成本的含义

园林工程施工成本是指，园林施工企业以园林工程作为成本核算对象，在现场施工过程中所耗费的生产资料转移价值和劳动者的必要劳动所创造的价值的货币形式，也就是某园林工程在施工现场所发生的全部费用的总和，其中包括所消耗的主、辅材料，构配件及周转材料的摊销费（或租赁费），施工机械的台班费（或租赁费），支付给生产工人的工资、奖金以及施工项目经理部为组织和管理工程施工所发生的全部费用。施工成本不包括劳动者为社会所创造的价值（如税金和计划利润），也不包括不构成施工项目价值的一切非生产性支出。

园林工程施工项目成本是园林施工企业的主要成本，即工程成本，一般以所建设项目的单项工程作为成本核算对象，通过各单项工程成本核算的综合来反映建设项目的施工现场成本。

2. 园林工程施工项目成本的主要形式

为了明确认识和掌握园林工程施工成本的特性，搞好成本管理，根据管理的需要，可从不同的角度对其进行考察，从而将成本划分为不同的成本形式。

（1）从成本发生的时间来划分

根据成本管理要求，施工成本从成本发生的时间来划分，可划分为预算成本、计划成本和实际成本。

1）预算成本。园林工程预算成本是根据施工图由统一标准的工程量计算出来的成本费用。预算成本是确定工程造价的基础，也是编制计划成本和评价实际成本的依据。

2）计划成本。园林工程施工计划成本是指施工项目经理部根据计划期的有关资料（如工程的具体条件和园林施工企业为实施该项目的各项技术组织措施），在实际成本发生前预先计算的成本。它对于加强园林施工企业和项目经理部的经济核算管理，建立和健全施工项目成本管理责任制，控制施工过程中的生产费用，降低施工项目成本具有重要作用。

3）实际成本。实际成本是园林施工项目在施工期间实际发生的各项生产费用的总和。把实际成本与计划成本比较，可揭示成本的节约或超支情况，考核园林施工企业施工技术水平及技术组织措施贯彻执行的情况和施工企业的经营效果。实际成本与预算成本比较，可以反映工程盈亏情况。因此，计划成本和实际成本都可以反映施工企业成本管理的水平，它受施工企业本身的生产技术、施工条件及生产经营管理水平所制约。

（2）按生产费用计入成本的方法来划分

园林工程施工成本，按生产费用计入成本的方法可划分为直接成本和间接成本两种。

1）直接成本。直接成本是指直接耗用并能直接计入工程对象的费用。

2）间接成本。间接成本是指非直接用于工程也无法直接计入工程的费用，它是为进行工程施工所必须发生的费用。

此分类法能正确反映工程成本的构成，考核各项生产费用的使用是否合理，便于找出降低成本的途径。

（3）按生产费用和工程量关系来划分

园林工程生产费用按其与工程量的关系可划分为固定成本和变动成本。

1）固定成本。固定成本是指在一定期间和一定的工程量范围内，其发生的成本额不受工程量增减变动的影响而相对固定。如折旧费、设备大修费、管理人员工资、办公费、照明费等。这一成本是为了保持施工企业一定的生产经营条件而发生的。一般来说，对于企业的固定成本，每年基本相同，但当工程量超过一定范围时，则需要增添机械设备和管理人员，此时固定成本将会发生变动。

2）变动成本。变动成本是指发生总额随着工程量的增减变动而成正比例变动的费用，如直接用于工程的材料费、实行计划工资制的人工费等。

将施工过程中发生的全部费用划分为固定成本和变动成本对于成本管理和成本决策具有重要作用，它是成本控制的前提条件。由于固定资本是维持生产能力所必需的费用，因此，要降低单位工程量的固定费用，只有从提高劳动生产率、增加企业总工程量、降低固定成本的绝对值入手。降低变动成本只有从降低单位分项工程的消耗定额入手。

3. 园林工程施工成本控制的意义

随着园林施工项目管理在广大园林业企业中逐步推广普及，施工项目成本控制的重要性也日益为人们所认识。园林工程施工成本控制工作，贯穿于施工生产及经营管理活动的全过程和各个层面，对施工企业的生存发展起着至关重要的作用。可以说，施工成本管理是园林施工项目管理不可缺少的内容，体现了园林施工项目管理的本质特征，具有重要的意义和作用。

如何进行成本控制管理以及成本控制管理的好与坏直接关系到一个园林施工企业经济效益的好与坏，甚至关系到该园林施工企业的生存和发展。近年来，市场竞争日益激烈，特别是市场机制不够完善，招投标价格偏低，致使园林施工企业经济效益下滑，严重危及施工企业的生存和发展。园林施工单位要想提高市场竞争力，最重要的是在项目施工中以尽量少的物化消耗和劳动力消耗来降低工程成本，把影响工程成本的各项耗费控制在计划范围内，这就必须进行施工项目成本控制管理，以求加强施工企业全面成本管理，不断提高经济效益。

园林工程施工成本控制主要通过技术（如施工方案的制定比选）、经济（如核算）和管理（如施工组织管理、各项规章制度等）活动达到预定目标，实现盈利的目的。园林工程施工成本控制的内容很广泛，贯穿于施工管理活动的全过程和各方面，例如从园林工程中标、签约甚至参与投标活动开始，到施工准备、现场施工，直至竣工验收，甚至包括后期的养护管理，每个环节都离不开成本管理工作。

3.3.2 理解成本构成

园林施工企业在工程施工中为提供劳务、作业等过程中所发生的各项费用支出，按照国家规定计入成本费用。施工企业工程成本由直接成本和间接成本组成。

1. 直接成本

直接成本也就是直接费，是指施工过程中直接消耗并构成工程实体或有助于工程形成的各项支出。直接费由直接工程费和措施费组成。

（1）直接工程费

直接工程费是指工程施工过程中消耗的构成工程实体的各项费用，包括人工费、材料费、施工机械使用费。

1）人工费。人工费是指直接从事工程施工的生产工人开支的各项费用，它包括：

① 基本工资：是指发放给生产工人的基本工资。

② 工资性补贴：是指按规定标准发放的物价补贴，煤、燃气补贴，交通补贴，住房补贴，流动施工津贴等。

③ 生产工人辅助工资：是指生产工人年有效施工天数以外非作业天数的工资，包括职工学习、培训期间的工资，调动工作、探亲、休假期间的工资，因气候影响的停工工资，女

工哺乳时间的工资，病假在六个月以内的工资及产、婚、丧假期的工资。

④职工福利费：是指按规定标准计提的职工福利费。

⑤生产工人劳动保护费：是指按规定标准发放的劳动保护用品的购置费及修理费，徒工服装补贴，防暑降温费，在有碍身体健康环境中施工的保健费用等。

人工费不包括下列人员工资：行政管理和技术人员；材料采购、保管和驾驶各种机械、车辆的人员；材料到达工地仓库前的搬运工人；专职工会人员；医务人员；其他由施工管理费或营业外支出开支的人员。这些人员的工资应分别列入有关费用的相应项目。

2）材料费。材料费是指施工过程中耗费的构成工程实体的原材料、辅助材料、构配件、零件、半成品的费用。内容包括：

①材料原价（或供应价格）。

②材料运杂费：是指材料自来源地运至工地仓库或指定堆放地点所发生的全部费用。

③运输损耗费：是指材料在运输装卸过程中不可避免的损耗。

④采购及保管费：是指为组织采购、供应和保管材料过程中所需要的各项费用。包括：采购费、仓储费、工地保管费、仓储损耗。

⑤检验试验费：是指对建筑材料、构件和建筑安装物进行一般鉴定、检查所发生的费用，包括自设试验室进行试验所耗用的材料和化学药品等费用。不包括新结构、新材料的试验费和建设单位对具有出厂合格证明的材料进行检验，对构件做破坏性试验及其他特殊要求检验试验的费用。

3）施工机械使用费。施工机械使用费是指使用自有施工机械作业所发生的机械使用费和租用外单位的施工机械租赁费，以及机械安装、拆卸和进出场费用。施工机械台班单价应由下列七项费用组成：

①折旧费：指施工机械在规定的使用年限内，陆续收回其原值及购置资金的时间价值。

②大修理费：指施工机械按规定的大修理间隔台班进行必要的大修理，以恢复其正常功能所需的费用。

③经常修理费：指施工机械除大修理以外的各级保养和临时故障排除所需的费用。包括为保障机械正常运转所需替换设备与随机配备工具附具的摊销和维护费用，机械运转中日常保养所需润滑与擦拭的材料费用，以及机械停滞期间的维护和保养费用等。

④安拆费及场外运费。安拆费指施工机械在现场进行安装与拆卸所需的人工、材料、机械和试运转费用，以及机械辅助设施的折旧、搭设、拆除等费用；场外运费指施工机械整体或分体自停放地点运至施工现场或由一施工地点运至另一施工地点的运输、装卸、辅助材料及架线等费用。

⑤人工费：指机上司机（司炉）和其他操作人员的工作日人工费及上述人员在施工机械规定的年工作台班以外的人工费。

⑥燃料动力费：指施工机械在运转作业中所消耗的固体燃料（煤、木柴）、液体燃料（汽油、柴油）及水、电等费用。

⑦ 养路费及车船使用税：指施工机械按照国家规定和有关部门规定应缴纳的养路费、车船使用税、保险费及年检费等。

（2）措施费

措施费是指为完成工程项目施工，发生于该工程施工前和施工过程中非工程实体项目的费用，由施工技术措施费和施工组织措施费组成。

1）施工技术措施费内容包括：

① 大型机械设备进出场及安拆费：是指大型机械整体或分体自停放场地运至施工现场或由一个施工地点运至另一个施工地点所发生的机械进出场运输转移费用，及机械在施工现场进行安装、拆卸所需的人工费、材料费、机械费、试运转费和安装所需的辅助设施的费用。

② 混凝土、钢筋混凝土模板及支架费：是指混凝土施工过程中需要的各种钢模板、木模板、支架等的支、拆、运输费用及模板、支架的摊销（或租赁）费用。

③ 脚手架费：是指施工需要的各种脚手架搭、拆、运输费用及脚手架的摊销（或租赁）费用。

④ 施工排水、降水费：是指为确保工程在正常条件下施工，采取各种排水、降水措施所发生的各种费用。

⑤ 其他施工技术措施费：是指根据各专业、地区及工程特点补充的技术措施费用。

2）施工组织措施费内容包括：

① 环境保护费：是指施工现场为达到环保部门要求所需要的各项费用。

② 文明施工费：是指施工现场文明施工所需要的各项费用。一般包括施工现场的标牌设置，施工现场地面硬化，现场周边设立围护设施，现场安全保卫及保持场貌、场容整洁等发生的费用。

③ 安全施工费：是指施工现场安全施工所需要的各项费用。一般包括安全防护用具和服装，施工现场的安全警示，消防设施和灭火器材，安全教育培训，安全检查以及编制安全措施方案等发生的费用。

④ 临时设施费：是指施工企业为进行建筑工程施工所必须搭设的生活和生产用的临时建筑物、构筑物和其他临时设施等发生的费用。

临时设施包括：临时宿舍、文化福利及公用事业房屋与构筑物，仓库、办公室、加工厂（场）以及在规定范围内道路、水电管线等临时设施和小型临时设施。

临时设施费用包括：临时设施的搭设、维修、拆除费或摊销费。

⑤ 夜间施工增加费：是指因夜间施工所发生的夜班补助费、夜间施工降效、夜间施工照明设备摊销及照明用电等费用。

⑥ 二次搬运费：是指因施工场地狭小等特殊情况而发生的二次搬运费用。

⑦ 已完工程及设备保护费：是指竣工验收前，对已完工程及设备进行保护所需的费用。

⑧ 其他施工组织措施费：是指根据各专业、地区及工程特点补充的施工组织措施费用项目。

2. 间接成本

间接成本是指企业的各项目经理部为施工准备、组织和管理施工生产所发生的全部施工间接支出费用，间接费由规费、企业管理费组成。

（1）规费

规费是指政府和有关政府行政主管部门规定必须缴纳的费用。包括：

1）工程排污费：是指施工现场按规定缴纳的工程排污费。

2）工程定额测定费：是指按规定支付工程造价管理机构的技术经济标准的制定和定额测定费。

3）社会保障费：包括养老保险费、失业保险费、医疗保险费等。

①养老保险费：是指企业按规定标准为职工缴纳的基本养老保险费。

②失业保险费：是指企业按照规定标准为职工缴纳的失业保险费。

③医疗保险费：是指企业按照规定标准为职工缴纳的基本医疗保险费。

4）住房公积金：是指企业按规定标准为职工缴纳的住房公积金。

5）危险作业意外伤害保险费：是指按照《建筑法》规定，企业为从事危险作业的建筑安装施工人员支付的意外伤害保险费。

（2）企业管理费

企业管理费是指建筑安装企业组织施工生产和经营管理所需的费用。内容包括：

1）管理人员工资：是指管理人员的基本工资、工资性补贴、职工福利费、劳动保护费等。

2）办公费：是指企业管理办公用的文具、纸张、账表、印刷、邮电、书报、会议、水电、烧水和集体取暖（包括现场临时宿舍取暖）用煤等费用。

3）差旅交通费：是指职工因公出差、调动工作的差旅费、住勤补助费，市内交通费和误餐补助费，职工探亲路费，劳动力招募费，职工离退休、退职一次性路费，工伤人员就医路费，工地转移费，以及管理部门使用的交通工具的油料、燃料、养路费及牌照费等。

4）固定资产使用费：是指管理和试验部门及附属生产单位使用的属于固定资产的房屋、设备仪器等的折旧、大修、维修或租赁费。

5）工具用具使用费：是指管理使用的不属于固定资产的工具、器具、家具、交通工具和检验、试验、测绘、消防用具等的购置、维修和摊销费。

6）劳动保险费：是指由企业支付离退休职工的易地安家补助费、职工退职金、六个月以上的长病假人员工资、职工死亡丧葬补助费、抚恤费、按规定支付给离休干部的各项经费。

7）工会经费：是指企业按职工工资总额计提的工会经费。

8）职工教育经费：是指企业为职工学习先进技术和提高文化水平，按职工工资总额计提的费用。

9）财产保险费：是指施工管理用财产、车辆保险等费用。

10）财务费：是指企业为筹集资金而发生的各种费用。

11）税金：是指企业按规定缴纳的房产税、车船使用税、土地使用税、印花税等。

12）其他：包括技术转让费、技术开发费、业务招待费、绿化费、广告费、公证费、法律顾问费、审计费、咨询费等。

3.3.3　编制园林工程建设施工项目成本计划

1. 理解施工项目成本计划的概念

园林施工成本计划是指以货币形式编制园林工程在计划期内的生产费用、成本水平、成本降低率以及为降低成本所采取的主要措施和规划的书面方案，它是建立园林施工项目成本管理责任制、开展成本控制和核算的基础。简单地说，就是指园林施工企业在某一时期内，为完成某一施工任务所须支出的各项费用的计划。一般来说，一个施工项目成本计划应包括从开工到竣工所必需的施工成本，它是该施工项目降低成本的指导文件，是设立目标成本的依据。可以说，成本计划是目标成本的一种形式。

2. 明确园林工程施工项目成本计划的作用

首先，园林工程成本计划是施工企业加强成本管理的重要手段，是落实成本管理经济责任制的重要依据。工程成本计划经批准后，一般应按其分工实行分级归口管理，把成本降低任务分解和落实到各职能部门、工区、施工班组，明确各自应承担的成本管理职责，并据此控制和监督施工中的各种消耗，检查和考核成本管理工作，从而促进企业的全面成本管理。

其次，工程成本计划是调动企业内部各方面的积极因素，合理使用一切物质资源和劳动资源的措施之一。通过成本计划的制定，明确了降低工程成本的奋斗目标和降低成本的具体任务，从而提高了职工完成和超额完成降低成本任务的积极性。同时，成本计划为企业有计划地控制成本支出提供了依据，为达到奋斗目标提供了有利条件。

最后，成本计划为企业编制财务计划、核定企业流动资金定额，确定施工生产经营计划利润等提供了重要依据。

3. 掌握园林工程施工项目成本计划的编制原则及依据

（1）园林工程施工项目成本计划的编制原则

首先，园林工程施工项目成本计划应从企业实际出发，既要使计划尽可能先进，又要实事求是并留有余地。只有这样才能有效地调动园林施工企业职工的积极性，更好地起到挖掘企业内部潜力的作用。

其次，园林工程施工项目编制成本计划，必须以先进的施工定额为依据，即要以先进合理的劳动定额、材料消费定额和机械使用定额为依据。

最后，园林工程成本计划应同其他有关计划密切配合。成本计划的编制应以施工计划、技术组织措施、施工组织设计、物资供应计划和劳动工资计划为依据，这些计划是工程成本计划得以实现的技术保障。

（2）园林工程施工项目成本计划的编制依据

施工成本计划的编制依据包括：合同报价书、施工预算；施工组织设计或施工方案；人、料、机市场价格；公司颁布的材料指导价格、公司内部机械台班价格、劳动力内部挂牌价格；周转设备内部租赁价格、摊销损耗标准；已签订的工程合同、分包合同（或估价书）；结构件外加工计划和合同；有关财务成本核算制度和财务历史资料；其他相关资料。

4．掌握园林工程施工项目成本计划的编制方法

编制施工现场成本计划的目的是为了保证施工项目在工期合理、质量可靠的前提下，以尽可能低的成本来完成工程项目。科学的成本计划应建立在成本预测和成本决策的基础上，使之保持计划指标的合理性，同时又兼顾对施工项目降低成本的要求。编制方法主要有：试算平衡法、定额预算法及成本决策优化法三种。

（1）试算平衡法

用试算平衡法编制施工成本计划是指，在提出施工项目总体成本降低程度的情况下，充分考虑和分析各项重要因素对成本降低的影响程度，并根据历史资料来估算各成本项目的降低率和降低额，汇总求出总的降低率和降低额后，将所得结果与提出的降低要求相比较，如果没有达到要求，可以再次试算平衡，直至达到或超过成本降低目标为止。

（2）定额预算法

定额预算法是先编制施工预算，然后结合施工项目现场施工条件、环境、施工组织计划、材料实际价格，采取的技术节约措施，通过对成本的试算平衡，来确定工程项目的计划成本。

（3）成本决策优化法

成本决策优化法是在预测与决策的基础上编制成本计划的方法。它是根据历史成本资料和管理人员经营，充分考虑施工项目内部和外部技术经济状况，以及材料供应和施工条件变化对成本的影响，做出成本预测，并在预测的前提下，对各种可能采用的方案进行决策，以选用最佳的成本降低方案。最后，在此基础上进行测算各种工作费用的计划成本。在成本预测和成本决策基础上编制的成本计划具有很强的科学性和现实性。

3.3.4　园林工程施工成本控制运行

园林工程施工成本控制是指在具体工程的施工过程中，对生产经营所消耗的人力资源、物质资源和费用开支进行指导、监督、调节和限制，及时纠正将要发生和已经发生的偏差，把各项生产费用控制在园林工程施工计划成本的范围之内，保证成本目标的实现。园林工程施工成本控制应贯穿于施工项目从投标阶段开始直到项目竣工验收的全过程，它是园林施工企业全面成本管理的重要环节。

1．园林施工项目成本控制的原则

园林施工企业项目成本控制原则是企业成本管理的基础和核心。项目部在施工过程中进行成本控制时应遵循以下基本原则：

（1）成本最低化原则

园林工程施工成本控制的根本目的，在于通过成本管理的各种手段，不断降低工程成本，以达到可能实现最低的目标成本的要求。在实现成本最低化原则时，应注意降低成本的可能性和合理的成本最低化。一方面挖掘各种降低成本的能力，使可能性变为现实；另一方面要

从市场实际出发，制定相应的措施和方案，并通过主观努力达到合理的最低成本水平。

（2）全面成本控制原则

全面成本管理是全企业、全员和全过程的管理，亦称“三全”管理。项目成本的全员控制有一个系统的实质性内容，包括各部门、各单位的责任网络和班组经济核算等，应防止成本控制人人无责，人人不管。项目成本的全过程控制要求成本控制工作随着项目施工进展的各个阶段连续进行，既不能疏漏，又不能时紧时松，应使施工项目成本自始至终置于有效的控制之下。

（3）动态控制原则

施工企业项目是一次性的，成本控制应强调项目的中间控制，即动态控制。施工准备阶段的成本控制只是根据施工组织设计的具体内容确定成本目标，编制成本计划，制定成本控制的方案，为今后的成本控制做准备；而竣工阶段的成本控制，由于成本盈亏已基本定局，即使发生了偏差，也已来不及纠正。

（4）目标管理原则

目标管理的内容包括：目标的设定和分解，目标的责任到位和执行，检查目标的执行结果，评价目标和修正目标，形成目标管理的计划、执行、检查、处理循环，即PDCA循环。一个工程项目是由许多个单项工程组成的，每个单项工程也应具有相应的成本目标。因此，应将一个工程项目的总成本目标逐个细化，落实到施工班组，签订成本管理责任书，使成本管理自上而下形成良性循环，从而达到参与工程施工的部门、个人从第一道工序起就注重成本管理的目的。

（5）责、权、利相结合的原则

在施工过程中，项目部各部门、各班组在肩负成本控制责任的同时，享有成本控制的权利，同时项目经理要对各部门、各班组在成本控制中的业绩进行定期的检查和考评，实行有奖有罚。只有真正做好责、权、利相结合的成本控制，才能收到预期的效果。

2. 成本控制的内容

成本控制的内容按工程项目施工的时间顺序，通常可以划分如下三个阶段：计划准备阶段、施工执行阶段和检查总结阶段，或者又称为事先控制、事中控制（过程控制）和事后控制。各个阶段按时间发生的顺序，进行循环控制。

（1）计划准备阶段控制

计划准备控制又称事先控制，是指在园林工程现场施工前，对影响成本支出的有关因素进行详细分析和计划，建立组织、技术和经济上的定额成本支出标准和岗位责任制，以保证完成施工现场成本计划和实现目标成本。

1）对各项成本进行目标管理。对成本进行目标管理，就是根据目前园林施工企业平均水平的施工劳动定额、材料定额、机械台班定额及各种费用开支限额、预定成本计划或施工图预算，来制订成本费用支出的标准，建立健全施工中物资使用制度、内部核算制度和原始记录、资料等，使施工中成本控制活动有标准可依，有章程可循。

2）落实现场成本控制责任制。根据现场单元的大小或工序的差异，对项目的组成指标进行分解，对施工企业的管理水平进行分析，并同以往的项目施工进行比较，规定各生产环节和职工个人单位工程量的成本支出限额和标准，最后将这些标准落实到施工现场的各个部门和个人，建立岗位责任制。

（2）施工执行阶段控制

施工执行阶段控制，又称为过程控制或事中控制，是在开工后的工程施工的全过程中，对工程进行成本控制。它通过对成本形成的内容和偏离成本目标的差异进行控制，以达到控制整个工程成本的目的。其具体内容如下：

1）严格按照计划准备阶段的成本、费用的消耗定额，随时随地对所有物资的计量、收发、领退和盘点进行逐项审核，以避免浪费；各项计划外用工及费用支出应坚决落实审批手续；审批人员要严格按照计划审批制度，杜绝不合理开支，把可能引起的损失和浪费消灭在萌芽状态。

2）建立施工中偏差定期分析体系。在施工过程中，定期把实际成本形成时所产生的偏差项目划分出来，并根据需要或施工管理的具体情况，按施工段、施工工序或作业部门进行归类汇总，使偏差项目同责任制相联系，以便成本控制的有关部门迅速提出产生偏差的原因，并制订有效的限制措施，为下一阶段施工提供参考。

（3）检查总结阶段控制

检查总结阶段控制即事后控制，又叫反馈控制。在现场施工完成后，必须对已建园林工程项目的总实际成本支出及计划完成情况进行全面核算，对偏差情况进行综合分析，对完成工程的盈余情况、经验和教训加以概括和总结。这样才能有效地分清责任，形成成本控制档案，为后续工程提供服务。反馈控制的具体工作包括两方面：

1）分析成本支出的具体情况。这种分析方法与过程控制中的定期分析相同。

2）分析工程施工成本节约或超支的原因，以明确部门或个人的责任，落实改进措施。

3. 园林工程施工成本控制的主要项目

园林工程施工成本控制的主要项目包括人工费用控制、材料费控制、机械费控制、间接费及其他直接费控制。

4. 园林工程施工中降低施工成本的措施

在园林工程施工过程中，降低施工项目成本的措施主要有以下几个方面：

（1）加强施工管理，提高施工组织水平

在园林工程施工前，应选择最为合理的施工方案，并布置好施工现场；施工过程中，应采用先进的施工方法和施工工艺，组织均衡施工，搞好现场调度和协作配合，注意竣工收尾工作，加快工程施工进度。

（2）加强技术管理，提高施工质量

在具体的园林工程施工中，应推广采用新技术、新工艺和新材料以及其他技术革新措施；制定并贯彻降低成本的技术组织措施，提供经济效益；加强施工过程的技术检验制度，提高施工质量。

（3）加强劳动工资管理，提高劳动生产率

主要是改善劳动组织、合理使用劳动力，减少窝工浪费；执行劳动定额，实行合理的工资和奖励制度；加强技术教育和培训工作，提高工人的文化技术水平和操作熟练程度；加强劳动纪律，提高工作效率；压缩非生产用工和辅助用工，严格控制非生产人员的比例。

（4）加强机械设备管理，提高机械设备使用率

正确选择和合理使用机械设备，搞好机械设备的保养修理，提高机械的完好率、利用率和使用效率，从而加快施工进度，降低机械使用费。

（5）加强材料管理，节约材料费用

改进材料的采购、运输、收发、保管等方面的工作，减少各个环节的损耗，节约采购费用；合理堆放材料，组织分批进场，避免和减少二次搬运；严格材料进场验收和限额领料制度；制定并贯彻节约材料的技术措施，合理使用材料，施行节约代用、修旧利废和废料回收措施，综合利用一切资源。

（6）加强费用管理，节约施工管理费

精简管理机构，减少管理层次，压缩非生产人员；实行人员满负荷运转，并一专多能；实行定额管理，制定费用分项、分部门的定额指标，有计划控制各项费用开支。

3.3.5 园林工程施工成本的核算

施工成本核算是指按照规定开支范围对施工费用进行归集，计算出施工费用的实际发生额，并根据成本核算对象，采用适当的方法，计算出该施工项目的总成本和单位成本。施工项目成本核算所提供的各种成本信息是成本预测、成本计划、成本控制、成本分析和成本考核等各个环节的依据。

1. 成本核算对象的确定

1）园林绿化工程一般应以每一独立编制施工图预算的单位工程为成本核算对象。这是因为按单位工程确定实际成本，便于与园林工程施工图预算成本相比较，以检查园林工程预算的执行情况。

2）规模大、工期长的单位工程，可以将工程划分为若干部位，以分部位的工程作为成本核算对象。对大型园林工程（如主题公园施工）应尽可能以分部工程作为成本核算对象。

3）同一工程项目，由同一单位施工，同一施工地点、同一结构类型、开工竣工时间相近、工程量较小的若干个单位工程，可以合并作为一个成本核算对象。例如，喷泉、大树移植等若干较小的单位工程，可以将竣工时间相近，属于同一园林项目的各个单位工程合并作为一个成本计算对象。这样可以减少间接费用分摊，减少核算工作量。

4）一个单位园林工程会由几家施工企业共同施工时，各个园林施工企业应都以此单位工程为成本核算对象，各自核算本企业完成部分的成本。

2. 成本核算程序

成本核算程序依次为：对所发生的费用进行审核，以确定应计入工程成本的费用和计入各项期间费用的数额；将应计入工程成本的各项费用，区分为哪些应当计入本月的工程成本，哪些应由其他月份的工程成本负担；注意将每个月应计入工程成本的生产费用，在各个成本对象之间进行分配和归集，计算各工程成本；对未完工程进行盘点，以确定本期已完工程实际成本；将已完工程成本转入“工程结算成本”科目中；结转期间费用。

3. 工程成本的计算与结转

已完工程成本的计算与结转，应根据工程价款的结算方法来决定。实行工程竣工后一次结算工程价款的工程，平时应按期将该工程施工中发生的工程成本，登记到“工程成本卡”中进行生产成本加总，该加总数就是该工程的完工实际成本。实行按月或按季分段结算工程价款的工程，月末应汇总“工程成本卡”汇集的工程成本，并对该工程进行盘点，确定“已完工程”与“未完施工”的数量，然后采用一定的计算方法计算已完工程的实际成本，并按已完工程的预算价格向建设单位收取工程价款，补偿已完工程的实际成本并结转实际的盈利。已完施工实际成本的计算步骤和方法如下：

（1）汇总本期施工的生产成本

根据各成本计算对象的“工程成本卡”汇总本月施工所发生的生产成本。为了防止记账与汇总时发生差错，各成本核算对象汇总的本月生产应与“工程成本明细账”中的汇总生产成本数相核对，然后再与“工程施工”总账本月发生数相核对，保证账账相符。

（2）未完施工成本的计算

未完施工成本是指已经进行施工，但尚未完成预算定额所规定的全部内容的分部工程所发生的支出。已完工程实际成本的计算，必须首先计算未完施工的实际施工，这是因为本月某成本计算对象施工发生的生产成本，既包括已完施工工程发生的耗用，也包括未完施工所发生的耗用，只有从本月的生产成本中扣除未完施工成本，加上个月未完工程的生产成本，才能计算出本月已完工程的实际成本。由于园林绿化工程的各个分部工程组成内容不同，因而不像一般工业企业的成本计算，即将生产成本总额在完工产品和在产品约当量之间平均分配，确定在产品实际成本。园林施工企业未完施工成本只能先折合为完工产品数量，套用预算单价计算其预算成本，并以计算的未完施工预算成本代替其实际成本，从生产成本总额中减去未完施工的成本。

1. 成本构成的内容有哪些？
2. 简述成本计划的编制方法。
3. 成本控制的原则和主要项目有哪些？
4. 园林工程施工中，降低施工成本的措施有哪些？
5. 成本核算的具体内容有哪些？

任务3.4 园林工程施工现场管理

3.4.1 理解园林工程施工现场管理知识

1．施工现场管理的概念与目的

施工现场指从事工程施工活动经批准占用的施工场地。该场地既包括红线以内占用的建筑用地和施工用地，又包括红线以外现场附近经批准占用的临时施工用地。它的管理是指对这些场地如何科学安排、合理使用，并与各自环境保持协调关系。

“规范场容、文明施工、安全有序、整洁卫生、不扰民、不损害公共利益”，这就是施工现场管理的目的。

2．施工现场管理的意义

1）施工现场管理的好坏首先涉及施工活动能否正常进行。施工现场是施工的“枢纽站”，大量的物资进场后“停站”于施工现场。活动在现场的大量劳动力、机械设备和管理人员，通过施工活动将这些物资一步步地转变成项目产品。这个“枢纽站”管得好坏涉及人流、物流和财流是否畅通，涉及施工生产活动能否顺利进行。

2）施工现场是一个“绳结”，把各专业管理联系在一起。在施工现场，各项专业管理工作按合理分工分项进行，密切协作，相互影响，相互制约，很难截然分开。施工现场管理的好坏，直接关系到各项专业管理的技术经济效果。

3）工程施工现场管理是一面“镜子”，能照出施工单位的面貌。一个文明的施工现场有着重要的社会效益，会赢得很好的社会信誉。反之也会损害施工企业的社会信誉。

4）工程施工现场管理是贯彻执行有关法规的“焦点”。施工现场与许多城市管理法规有关，每一个与施工现场管理发生联系的单位都注目于工程施工现场管理。所以施工现场管理是一个严肃的社会问题和政治问题，不能有半点疏忽。

3.4.2 理解园林工程施工现场管理的特点

1．工程的艺术性

园林工程的最大特点是一门艺术品工程，它融科学性、技术性和艺术性为一体。园林艺术是一门综合艺术，涉及造型艺术、建筑艺术等诸多艺术领域，要求竣工的项目符合设计要求，达到预定功能。这就要求在施工时应注意园林工程的艺术性。

2．材料的多样性

由于构成园林的山、水、石、路、建筑等要素的多样性，也使园林工程施工材料具有多样性。一方面为植物的多样性创造适宜的生态条件，另一方面又要考虑各种造园材料如片石、卵石、砖等能够形成不同的路面变化；现代塑山工艺材料以及防水材料更是各式各样。

3．工程的复杂性

主要表现在工程规模日趋大型化，要求协同作业日益增多，加之新技术、新材料的广泛应用，对施工管理提出了更高要求。园林工程是内容广泛的建设工程，施工中涉及地形处理、建筑基础、驳岸护坡、园路假山、铺草植树等多方面；这就要求施工环节有全盘观念，有条不紊。

4．施工的安全性

园林设施多为人们直接利用和欣赏的，必须具有足够的安全性。

3.4.3　掌握园林工程施工现场管理的内容

1．合理规划施工用地

首先要保证施工场内占地合理使用。当场内空间不充分时，应会同建设单位、向相关部门申请，经批准后才能获得并使用场外临时施工用地。

2．在施工组织设计中，科学地进行施工总平面设计

施工组织设计是园林工程施工现场管理的重要内容和依据，尤其是施工总平面设计，目的就是对施工场地进行科学规划，以合理利用空间。在施工平面布置图上，临时设施、大型机械、材料堆场、物资仓库、构件堆场、消防设施、道路及进出口、水电管线、周转使用场地等，都应各得其所，关系合理合法，有利于安全和环境保护，有利于节约，便于工程施工。

3．根据施工进展的具体需要，按阶段调整施工现场的平面布置

不同的施工阶段，施工的需要不同，现场的平面布置亦应进行调整。当然，施工内容变化是主要原因，另外分包单位也随之变化，他们也对施工现场提出新的要求。因此，不应当把施工现场当成一个固定不变的空间组合，而应当对它进行动态的管理和控制，但是调整也不能太频繁，以免造成浪费。

4．加强对施工现场使用的检查

现场管理人员应经常检查现场布置是否按平面布置图进行，是否符合各项规定，是否满足施工需要，还有哪些薄弱环节，从而为调整施工现场布置提供有用的信息，也使施工现场保持相对稳定，不被复杂的施工过程打乱或破坏。

5. 建立文明的施工现场

文明施工现场即指按照有关法规的要求，使施工现场和临时占地范围内秩序井然，文明安全，环境得到保持，绿地树木不被破坏，交通畅达，文物得以保存，防火设施完备，居民不受干扰，场容和环境卫生均符合要求。建立文明施工现场有利于提高工程质量和工作质量，提高企业信誉，为此，应当做到主管挂帅，系统把关，普遍检查，建章检查，责任到人，落实整改，严明奖惩。

1）主管挂帅，即指公司和工区均成立主要领导挂帅，各部门主要负责人参加的施工现场管理领导小组，在企业范围内建立以项目管理班子为核心的现场管理组织体系。

2）系统把关，即指各管理业务系统对现场的管理进行分口负责，每月组织检查，发现问题及时整改。

3）普遍检查，即指对现场管理的检查内容，按达标要求逐项检查，填写检查报告，评定现场管理先进单位。

4）建章建制，即指建立施工现场管理规章制度和实施办法，按法办事，不得违背。

5）责任到人，即指管理责任不但明确到部门，而且各部门要明确到人，以便落实管理工作。

6）落实整改，即指对各种问题，一旦发现，必须采取措施纠正，避免再度发生。无论涉及哪一级、哪一部门、哪一个人，决不能姑息迁就，必须整改落实。

7）严明奖惩。如果成绩突出，便应按奖惩办法予以奖励；如果有问题，要按规定给予必要的处罚。

6. 及时清场转移

施工结束后，项目管理班子应及时组织清场，将临时设施拆除，剩余物资退场，组织向新工程转移，以便整治规划场地，恢复临时占用土地，不留后患。

3.4.4 用好园林工程施工现场管理的方法

现场施工管理就是现场施工过程的管理，它是根据施工计划和施工组织设计，对拟建工程项目在施工过程中的进度、质量、安全、节约和现场平面布置等方面进行指挥、协调和控制，以达到施工过程中不断提高经济效益的目的。

1. 组织施工

组织施工是依据施工方案对施工现场有计划、有组织地均衡施工活动。必须做好三方面的工作。

（1）施工中要有全局意识

园林工程是综合性艺术工程，工种复杂，材料繁多，施工技术要求高，这就要求现场施工管理全面到位，统筹安排。在注重关键工序施工的同时，不得忽视非关键工序的施工；

各工序施工务必清楚衔接，材料机具供应到位，从而使整个施工过程顺利进行。

（2）组织施工要科学、合理和实际

施工组织设计中拟定的施工方案、施工进度、施工方法是科学合理组织施工的基础，应认真执行。施工中还要密切注意不同工作面上的时间要求，合理组织资源，保证施工进度。

（3）施工过程要做到全面监控

由于施工过程是繁杂的工程实施活动，各个环节都有可能出现一些在施工组织上、设计中未加考虑的问题，这要根据现场情况及时调整和解决，以保证施工质量。

2. 施工作业计划的编制

施工作业计划是施工单位根据年度计划和季度计划对其基层施工组织在特定的时间内以月度施工计划的形式下达施工任务的一种管理方式，虽然下达的施工期限很短，但对保证年度计划的完成意义重大。

（1）施工作业计划的编制依据

1）工程项目施工工期与作业量。

2）企业多年来基层施工管理的经验。

3）上个月计划完成的状况。

4）各种先进合理的定额指标。

5）工程投标文件、施工承包合同和资金准备情况。

（2）施工作业计划编制的方法

施工作业计划的编制因工程条件和施工单位的管理习惯不同而有所差异，计划的内容也有繁简之分。在编写的方法上，大多采用定额控制法、经验估算法和重要指标控制法三种。

定额控制法是利用工期定额、材料消耗定额、机械台班定额和劳动力定额等测算各项计划指标的完成情况，编制出计划表。经验估算法是参考上年度计划完成的情况及施工经验估算当前的各项指标。重要指标控制法则是先确定施工过程中哪几个工序为重点控制指标，从而制定出重点指标计划，再编制其他计划指标。实际工作中可结合这几种方法进行编制。施工作业计划一般都要有以下几方面内容：

1）年度计划和季度计划总表。见表 3-3 和表 3-4。

表 3-3　×× 施工队 ×× 年度施工任务计划总表

序号	工程项目	分项工程	工程量	定额	计划用工（工日）	施工进度	措施

表 3-4 ×× 施工队 × 季度施工进度表

施工队名称	工程量	投资额	预算额	累计完成量	本季度计划工作量	形象进度	分月进度	
							月	月

2）根据季度计划编制出月份工程计划总表（表 3-5），并要将本月内完成的和未完成的工作量按计划形象进度填入表中。

表 3-5 ×× 施工队 ×× 年 × 月份工程计划汇总表

序号	工程名称	开工日期	计量单位	数量	工作量（万元）	累计完成		本月计划形象进度	承包工作量（万元）	自行完成工作总量（万元）	说明
						形象进度	工作量（万元）				

3）按月工程计划汇总表中的本月计划形象进度确定各单项工程（或工序）的本月日程进度，用横道图表示（表 3-6），并求出用工数量。

表 3-6 ×× 施工队 ×× 年 × 月份施工进度计划表

序号	建设单位	工程名称（或工序）	计量单位	本月计划完成工程量	用工量（工日）			进程日程					
					A	B	小计	1	2	3	…	29	30

注：A、B 指单项工程中的工种类别，如水池工程中的模板工、钢筋工、混凝土工、抹灰工等。

4）利用施工日进度计划确定月份的劳动力计划，按园林工程项目填入表中（表 3-7）。

表 3-7 劳动力计划表

序号	工种	在册劳动力	园林工程项目													本月份计划		
			临时设施	平整土地	土方工程	基础工程	建筑工程	给水排水	铺装工程	假山工程	喷泉工程	栽植工程	油饰工程	电气工程	收尾工程	合计工日	工作天数	剩余或缺天数

5）将技术组织措施与降低成本计划列入表中（表 3-8）。

表 3-8　技术组织措施与降低成本计划表

<table>
<tr><th rowspan="3">措施项目名称</th><th rowspan="3">涉及的工程项目名称和工程量</th><th rowspan="3">措施执行单位及负责人</th><th colspan="7">措施的经济效果</th><th rowspan="3">降低其他直接费</th><th rowspan="3">降低管理费</th><th rowspan="3">降低成本合计</th><th rowspan="3">备注</th></tr>
<tr><th colspan="5">降低材料费用</th><th colspan="2">降低工资</th></tr>
<tr><th></th><th></th><th></th><th></th><th></th><th></th><th></th></tr>
<tr><td></td><td></td><td></td><td></td><td></td><td></td><td></td><td></td><td></td><td></td><td></td><td></td><td></td><td></td></tr>
<tr><td></td><td></td><td></td><td></td><td></td><td></td><td></td><td></td><td></td><td></td><td></td><td></td><td></td><td></td></tr>
</table>

6）根据月工程计划汇总表和施工日程进度表，制定必要的材料、机具的月计划表。

在编制计划时，应将法定休息日和节假日扣除，即每月的所有天数不能连续算成工作日。另外，还要注意雨天或冰冻等天气影响，适当留有余地，一般可多留总工作天数的 5% ～ 8%。

3. 施工任务单

施工任务单位是由园林施工单位按季度施工计划给施工单位或施工队所属班组下达施工任务的一种管理方式。通过施工任务单，基层施工班组对施工任务和工程范围更加明确，对工程的工期、安全、质量、技术、节约等要求更能全面把握。利于对工人进行考核，利于组织施工。

（1）施工任务单使用要求

1）施工任务单是下达给施工班组的，因此任务单所规定的任务、指标要明了具体。

2）施工任务单的制定要以作业计划为依据，要实事求是，符合基层作业。

3）任务单中所拟定的质量、安全、工作要求、技术与节约措施应具体化，易操作。

4）任务单工期以半月到一个月为宜，下达、回收要及时。班组的填写要细致认真并及时总结分析。所有单据均要妥善保管。

（2）任务单范例

表 3-9 是最为常用的施工任务单样式。

表 3-9　施工任务单

第 ×× 施工队 ×× 组任务书编号：____________

工地名称：____________

工程名称：____________

签发日期：____年____月____日

工期	开工	竣工	天数
计划			
实际			

<table>
<tr><th rowspan="2">序号</th><th rowspan="2">工程项目</th><th rowspan="2">计量单位</th><th colspan="4">计划任务</th><th colspan="3">实际完成</th><th rowspan="2" colspan="3">工程质量、安全要求、技术、节约措施</th><th rowspan="2">验收意见</th></tr>
<tr><th>工程量</th><th>时间定额</th><th>每日产值</th><th>定额工日</th><th>工程量</th><th>定额工日</th><th>实际用工</th></tr>
<tr><td></td><td></td><td></td><td></td><td></td><td></td><td></td><td></td><td></td><td></td><td rowspan="3" colspan="3"></td><td rowspan="3"></td></tr>
<tr><td></td><td></td><td></td><td></td><td></td><td></td><td></td><td></td><td></td><td></td></tr>
<tr><td></td><td></td><td></td><td></td><td></td><td></td><td></td><td></td><td></td><td></td></tr>
<tr><td></td><td></td><td></td><td></td><td></td><td></td><td></td><td></td><td></td><td></td><td rowspan="3">生产效率</td><td colspan="2">定额用工</td><td></td></tr>
<tr><td></td><td></td><td></td><td></td><td></td><td></td><td></td><td></td><td></td><td></td><td colspan="2">实际用工</td><td></td></tr>
<tr><td colspan="3">合计</td><td></td><td></td><td></td><td></td><td></td><td></td><td></td><td colspan="2">工作效率</td><td></td></tr>
</table>

负责人：　　　　　　　　　　签发人：　　　　　　　　　　考勤员：

（3）施工任务单的执行

基层班组接到任务单后，要详细分析任务要求，了解工程范围，做好实地调查工作。同时，班组负责人要召集施工人员，讲解任务单中规定的主要指标及各种安全、质量、技术措施，明确具体任务。在施工中要经常检查、监督，对出现的问题要及时汇报并采取应急措施。各种原始数据和资料要认真记录和保管，为工程完工验收做好准备。

4. 现场施工平面图管理

施工平面图管理是指根据施工现场布置图对施工现场水平工作面进行全面控制的活动，其目的是充分发挥施工场地的工作面特性，合理组织劳动资源，按进度计划有序施工。园林工程施工范围广、工序多、工作面分散，要求做好施工平面的管理。为此。应做到：

1）场平面布置图是施工总平面管理的依据，应认真予以落实。

2）实际工作中发现现场布置图有不符合现场的情况，要根据具体的施工条件提出修改意见。

3）平面管理的实质是水平工作面的合理组织，因此，要视施工进度、材料供应、季节条件等做出劳动力安排。

4）在现有的游览景区内施工，要注意园内的秩序和环境。材料堆放、运输应有一定的限制，避免景区混乱。

5）平面管理要注意灵活性与机动性。对不同的工序或不同的施工阶段采取相应的措施，例如夜间施工可调整供电线路，雨期施工要组织临时排水，突击施工增加劳动力等。

6）必须重视生产安全。施工人员要有足够的工作面，注意检查，掌握现场动态，消除安全隐患，加强消防意识，确保施工安全。

5. 施工调度

施工调度是保证合理工作面上的资源优化，有效地使用机械、合理组织劳动力的一种施工管理手段。它是组织施工中各个环节、专业、工种协调动作的中心。其中心任务是通过检查、监督计划和施工合同执行情况，及时全面掌握施工进度和质量、安全、消耗的第一手资料，协调各施工单位（或各工序）之间的协作配合关系，搞好劳动力的科学组织，使各工作面发挥最高的工作效率。调度的基本要素是平均合理，保证重点，兼顾全局。调度的方法是累积和取平。

进行施工合理调度是个十分重要的管理环节，以下几点值得重视：

1）减少频繁的劳动资源调配。施工组织设计必须切合实际，科学合理，并将调度工作建立在计划管理的基础之上。

2）施工调度着重在劳动力及机械设备的调配，为此要对劳动力技术水平、操作能力、机械性能效率等有准确的把握。

3）施工调度时要确保关键工序的施工，不得抽调关键线路的施工力量。

4）施工调度要密切配合时间进度，结合具体的施工条件，因地因时制宜，做到时间与空间的优化组合。

5）调度工作要有及时性、准确性、预防性。

综上所述，施工现场管理的各项工作实质上是一项科学的循环工作法，即PDCA循环法。这里P指计划（Plan），D指实施（也称为执行，DO），C指检查（Check），A指处理（Action）。PDCA这四个步骤贯穿于施工全过程，并在不断的实施中优化提高，形成循环。要做到科学操作PDCA，必须制定行之有效的技术措施，这其中“5W1H”工作方法就很有实践意义。“5W1H”代表：Why（为什么要制定这些措施或手段）；What（这些措施或手段的落实要达到什么样目的）；When（在什么时间内完成）；Where（在什么地点完成）；Who（由谁来执行）；How（实际施工中应如何贯彻落实这些措施）。“5W1H”的实施保证了PDCA的实现，从而确保了工程施工进度和施工质量，最终达到施工管理的目标。

6. 施工过程的检查与监督

园林工程是游人直接使用和接触的，不能存在丝毫的隐患。为此应重视施工过程的检查与监督工作，要把它视为保证工程质量必不可少的环节，并贯穿于整个施工过程中。

（1）检查的种类

根据检查对象的不同可将施工检查分为材料检查和中间作业检查两类。材料检查是指对施工所需的材料、设备的质量和数量的确认记录。中间作业检查是施工过程中作业结果的检查验收，分施工阶段检查和隐蔽工程验收两种。

（2）检查方法

1）材料检查。材料检查指对所需材料进行必要的检查。检查材料时，要出示检查申请、材料入库记录、抽样指定申请、试验填报表和证明书等。不得购买假冒伪劣产品及材料；所购材料必须有合格证件、质量检查证、厂家名称和有效使用日期；做好材料进出库的检查登记工作；要选派有经验的人员做仓库保管员，搞好材料验收、保管、发放和清点工作；做到“三把关，早拒收”，即把好数量关、质量关、单据关，拒收凭证不全、手续不整、数量不符，质量不合格的材料；绿化材料要根据苗木质量标准验收，保证成活率。

2）中间作业检查。这是在工程竣工前对各工序施工状况的检查。要做好：对一般的工序可按时间或施工阶段进行检查；检查时要准备好施工合同、施工说明书、施工图、施工现场照片、各种质量证明材料和试验结果等；园林景观的艺术效果是重要的评价标准，应对其加以检验确认，主要通过形状、尺寸、质地、色彩等加以检测；对园林绿化材料的检查，要以成活率和生长状况为主，并做到多次检查验收；对于隐蔽工程，要及时申请检查验收，待验收合格方可进行下道工序；在检查中如发现问题，要尽快提出处理意见。

3.4.5 牢记有关施工现场管理规章制度

1. 施工现场管理规章制度基本要求

1）园林工程施工现场门头应设置企业标志。承包人项目经理部应负责施工现场场容、文明形象管理的总体策划和部署。各分包人应在承包人项目经理部的指导和协调下，按照分区划块原则，搞好分包人施工用地区域的场容文明形象管理规划并严格执行。

2）项目经理部应在现场入口的醒目位置，公示以下标牌：

① 工程概况牌。包括：工程规模、性质、用途，发包人、设计人、承包人、监理单位的名称和施工起止年月等。

② 安全纪律牌。

③ 防火须知牌。

④ 安全无重大事故计时牌。

⑤ 安全生产、文明施工牌。

⑥ 施工平面布置图。

⑦ 施工项目经理部组织架构及主要管理人员名单图。

3）项目经理应把施工现场管理列入经常性的巡视检查内容，并与日常管理有机结合，认真听取邻近单位、社会公众的意见和反映，及时整改。

2. 施工现场规范场容的要求

1）施工现场场容规范化应建立在施工平面图设计的科学合理化和物料器具管理标准化的基础上。承包人应根据本企业的管理水平，建立和健全施工平面图管理和现场物料器具管理标准，为项目经理部提供场容管理策划的依据。

2）项目经理必须结合施工条件，按照施工技术方案和施工进度计划的要求，认真进行施工平面图的规划、设计、布置、使用和管理。

① 施工平面图宜按指定的施工用地范围和布置的内容，分为施工平面布置图和单位工程施工平面图，分别进行布置和管理。

② 单位工程施工平面图宜根据不同施工阶段的需要，分别设计成阶段性施工平面图，并在阶段性进度目标开始实施前，通过施工协调会议确认后实施。

3）应严格按照已审批的施工平面布置图或相关的单位工程施工平面图划定的位置，布置施工项目的主要机械设备，脚手架，模具，施工临时道路，供水、供电、供气管道或线路，施工材料制品堆场及仓库，土方及建筑垃圾，变配电间，消防栓，警卫室，现场办公、生产、生活临时设施等。

4）施工物料器具除应按施工平面图指定位置就位布置外，尚应根据不同特点和性质，规范布置方式与要求，包括执行放码整齐、限宽限高、上架入箱、规格分类、挂牌标识等管理标准。砖、砂、石和其他散料应随用随清，不留料底。

5）施工现场应设垃圾站，及时集中分拣、回收、利用、清运。垃圾清运出现场必须到批准的消纳场地倾倒，严禁乱倒乱卸。

6）施工现场剩余料具、包装容器应及时回收，堆放整齐并及时清退。

7）在施工现场周边应设置临时围护设施。市区工地的一般路段周边围护设施应不低于1.8m。临街脚手架、高压电缆、起重把杆回转半径伸至街道的，均应设置安全隔离棚。危险品库附近应有明显标志及围挡措施。

8）施工现场应设置畅通的排水沟渠系统，场地不积水、不积泥浆，保持道路干燥坚实。工地地面宜做硬化处理。

3. 施工现场环境保护要求

1）施工现场泥浆和污水未经处理不得直接排入城市排水设施和河流、湖泊、池塘。

2）禁止将有毒有害废物用于土方回填。

3）建筑垃圾、渣土应在指定地点堆放，每日进行清理。装载建筑材料、垃圾或渣土的车辆，应有防止尘土飞扬、洒落或流溢的有效措施。施工现场应根据需要设置机动车辆冲洗设施，冲洗污水应做处理。

4）对施工机械的噪声与振动扰民，应有相应措施予以控制。

5）凡在居民稠密区进行强噪声作业的，必须严格控制作业时间，一般不得超过22：00。

6）经过施工现场的地下管线，应由发包人在施工前通知承包人，标出位置，加以保护。施工时发现文物、古迹、爆炸物、电缆等，应当停止施工，保护好现场，及时向有关部门报告，按照有关规定处理后方可继续施工。

7）施工中需要停水、停电、封路而影响环境时，必须经过有关部门批准，事先告示。在行人、车辆通行的地方施工，应当设置沟、井、坎、穴覆盖物和标志。

4. 施工现场安全防护管理要求

（1）料具存放安全要求

1）大模板存放必须将地脚螺栓提上去，使自稳角成为70°～80°。长期存放的大模板，必须用拉杆连接绑牢。没有支撑或自稳角不足的大模板，要存放在专用的堆放架内。

2）砖、加气块、小钢模码放稳固，高度不超过1.5m。脚手架上放砖的高度不准超过三层侧砖。

3）存放水泥等袋装材料严禁靠墙码垛，存放砂、土、石料严禁靠墙堆放。

（2）临时用电安全防护

1）临时用电必须按住建部颁发的规范要求做施工组织设计（方案），建立必需的内业档案资料。

2）临时用电必须建立对现场线路、设施的定期检查制度，并将检查、检验记录存档备查。

3）临时配电线路必须按规范架设整齐，架空线必须采用绝缘导线，不得采用塑胶软线，不得成束架空敷设，也不得沿地面明敷设。

4）施工机具、车辆及人员，应与内、外电线路保持安全距离。达不到规范规定的最小距离时，必须采用可靠的防护措施。

5）配电系统必须施行分级配电。各类配电箱、开关箱的安装和内部设置必须符合有关规定，箱内电气必须可靠完好，其选型、定值要符合规定，开关电气应标明用途。

6）各类配电箱、开关箱外观应完整、牢固、防雨、防尘，箱体应外涂安全色标，统一编号，箱内无杂物。停止使用的配电箱应切断电源，箱门上锁。

7）独立的配电系统必须按住建部颁发的标准采用三相四线制的接零保护系统，非独立系统可根据现场实际情况采取相应的接零接地保护方式。各种电气设备和电力施工机械的金属外壳、金属支架和底座必须按规定采取可靠的接零或接地保护。

8）手持电动工具的使用，应符合国家标准的有关规定。工具的电源线、插头和插座应完好。电源线不得任意接长和调换，工具的外绝缘应完好无损，维修和保护应由专人负责。

9）凡在一般场所采用220V电源照明的，必须按规定布线和装设灯具，并在电源一侧加装漏电保护器。特殊场所必须按国家标准规定使用安全电压照明。

10）电焊机应单独设开关。电焊机外壳应做接零或接地保护。一次线长度应小于5m，二次长度应小于30m，两侧接线应压接牢固，并安装可靠防护罩。

（3）施工机械安全防护

1）施工组织设计应有施工机械使用过程中的定期检测方案。

2）施工现场应有施工机械安装、使用、检测、自检记录。

3）搅拌机应搭防砸、防雨操作棚，使用前应固定，不得用轮胎代替支撑。移动时，必须先切断电源。启动装置、离合器、制动器、保险链、防护罩应齐全完好，使用安全可靠。搅拌机停止使用料斗升起时，必须挂好上料斗的保险链。维修、保养、清理时必须切断电源，设专人监护。

4）机动翻斗车行驶速度不超过5km/h，方向机构、制动器、灯光等应灵敏有效。行车中严禁带人。往槽、坑、沟卸料时，应保持安全距离并设挡墩。

5）蛙式打夯机必须两人操作，操作人员必须戴绝缘手套和穿绝缘胶鞋。操作手柄应采取绝缘措施。夯机用后应切断电源，严禁在夯机运转时清除积土。

6）钢丝绳应根据用途保证足够的安全系统。凡表面磨损、腐蚀、断丝超过标准的，打死弯、断胶、油芯外露的不得使用。

（4）操作人员个人防护

1）进入施工区域的所有人员必须戴安全帽。

2）凡从事2m以上、无法采取可靠防护设施的高处作业人员必须系安全带。

3）从事电气焊、剔凿、磨削作业人员应使用面罩或护目镜。

4）特种作业人员必须持证上岗，并佩戴相应的劳保用品。

5．施工现场的保卫、消防管理的要求

1）应做好施工现场保卫工作，采取必要的防盗措施。现场应设立门卫，根据需要设置警卫。施工现场的主要管理人员在施工现场应当佩戴证明其身份的证卡，应采用现场施工人员标识。有条件时可对进出场人员使用磁卡管理。

2）承包人必须严格按照《中华人民共和国消防法》的规定，在施工现场建立和执行防火管理制度。现场必须设有消防车出入口和消防道路，设置符合要求的消防设施，保持完好

的备用状态。现场严禁吸烟，必要时设吸烟室。

3）施工现场的通道、消防入口、紧急疏散楼道等，均应有明显标志或指示牌。有高度限制的地点应有限高标志。

4）施工现场的材料保管，应依据材料性能采取必要的防雨、防潮、防晒、防冻、防火、防爆、防损坏等措施。植物材料应该采取假植的形式加以保管。

5）更衣室、财会室及职工宿舍等易发案部位要指定专人管理，制定防范措施，防止发生盗窃案件。严禁赌博、酗酒，传播淫秽物品和打架斗殴。

6）料场、库房的设置应符合治安消防要求，并配备必要的防范设施。职工携物出现场，要开出门证。

7）施工现场要配备足够的消防器材，并做到布局合理，经常维护、保养，采取防冻保温措施，保证消防器材灵敏有效。

8）施工现场进水干管直径不小于100mm。消火栓处昼夜要设有明显标志，配备足够的水嘴，周围3m内，不准存放任何物品。

6. 施工现场环境卫生和卫生防疫的要求

1）施工现场应经常保持整洁卫生。运输车辆不带泥沙出现场，并做到沿途不遗撒。

2）施工现场不宜设置职工宿舍，必须设置时应尽量和施工场地分开。现场应准备必要的医务设施，在办公室内显著地点张贴急救车和有关医院电话号码。根据需要制定防暑降温措施，进行消毒、防毒。施工作业区与办公区应明显划分。生活区周围应保持卫生、无污染和污水。生活垃圾应集中堆放，及时清理。

3）承包人应考虑施工过程中必要的投保。应明确施工保险及第三者责任险的投保人和投保范围。

4）冬期取暖炉的防煤气中毒设施必须齐全有效。应建立验收合格证制度，经验收合格发证后，方准使用。

5）食堂、伙房要有一名工地领导主管食品卫生工作，并设有兼职或专职的卫生管理人员。食堂、伙房的设置需经当地卫生防疫部门的审查、批准。要严格执行《食品卫生法》和食品卫生有关管理规定，建立食品卫生管理制度。要办理食品卫生许可证、炊事人员身体健康证和卫生知识培训证。

6）伙房内外要整洁，炊具用具必须干净，无腐烂变质食品。操作人员上岗必须穿戴整洁的工作服并保持个人卫生。食堂、操作间、仓库要做到生熟分开操作和保管，有灭鼠、防蝇措施，做到无蝇、无鼠、无蛛网。

7）应进行现场节能管理。有条件的现场应下达能源使用规定。

8）施工现场供应开水，饮水器具要卫生。

9）厕所要符合卫生要求。施工现场内的厕所应有专人保洁，按规定采取冲水或加盖措施，及时打药，防止蚊蝇孳生。市区及远郊城镇内施工现场的厕所，墙壁屋顶要严密，门窗要齐全。

复习思考题

1. 简述园林工程施工现场管理的特点。
2. 园林工程施工现场管理的主要内容有哪些?
3. 简述园林工程施工现场管理的方法。
4. 简述园林工程施工现场管理的要求。

实训题 园林工程施工现场管理实训

一、实训目的

结合本地园林工程实例，了解施工现场平面布置图的设计特点，充分发挥施工场地的工作面特性，了解合理组织劳动力资源，并学会如何按进度计划有序施工。

二、实训用具与材料

笔，纸，完整的招标文件一份，设计图一份，承包合同。

三、实训内容

1. 分析园林工程的主要内容与建设程序。
2. 了解工程的特色与施工工期。
3. 按要求做好现场施工平面图。

四、实践步骤和方法

1. 任课教师根据本地实际为学生提供一套园林工程设计图纸、招标投标文件和承包合同。

2. 将学生分为甲、乙、丙三组，甲和乙组同学对图纸进行分析，丙组同学熟悉招投标文件、承包合同。

3. 甲组同学统计分析出该工程的主要内容，提出建设程序。

4. 乙组同学根据图纸及文件做出现场施工平面图。

5. 丙组同学列出工程的特色和工期要求。

6. 各组进行交换，重复以上操作。

7. 各组进行讨论，归纳总结该工程的主要内容、建设程序、工程的特色与施工工期。

8. 完善现场施工平面图，由任课教师带领学生到实地进行讲解。

五、实训成果

按照提供工程图、招标投标文件、合同等的要求，按时准确地完成项目施工现场平面图及施工项目现场管理总结各一份。

任务3.5 园林工程施工安全管理

安全生产管理是在施工中避免生产事故，杜绝劳动伤害，保证良好施工环境的管理活动，它是保护职工安全健康的企业管理制度，是顺利完成工程施工的重要措施。因此，园林施工单位必须高度重视安全生产管理，把安全工作落实到工程计划、设计、施工、检查等各个环节之中，把握园林工程施工中重要的安全管理点，做到未雨绸缪，安全生产。

3.5.1 明确园林工程施工安全管理主要内容

在园林工程施工过程中，安全管理的内容主要是对实际投入的生产要素及作业、管理活动的实施状态和结果所进行的管理和控制，包括作业技术活动的安全管理、施工现场文明施工管理、职业危害的卫生管理、劳动保护管理、施工现场消防安全管理和季节性施工安全管理等。

1. 作业技术活动的安全管理

园林工程的施工过程体现在一系列的现场施工作业和管理活动中，作业和管理活动的效果将直接影响到施工过程的施工安全。为确保园林建设工程项目施工安全，工程项目管理人员要对施工过程进行全过程全方位的动态管理。作业技术活动的安全管理主要内容有：

（1）从业人员的资格、持证上岗和现场劳动组织的管理

园林施工单位施工现场管理人员和操作人员必须具备相应的执业资格、上岗资格和任职能力，符合政府有关部门规定。现场劳动组织的管理包括从事作业活动的操作者、管理者以及相应的各种管理制度。操作人员数量必须满足作业活动的需要，工种配置合理，管理人员到位，管理制度健全，并能保证其落实和执行。

（2）从业人员施工中安全教育培训的管理

园林工程施工单位施工现场项目负责人应按安全教育培训制度的要求，对进入施工现场的从业人员进行安全教育培训。安全教育培训的内容主要包括新工人“三级安全教育”、变换工种安全教育、转场安全教育、特种作业安全教育、班前安全活动交底、周一安全活动、季节性施工安全教育、节假日安全教育等。施工单位项目经理部应落实安全教育培训制度的实施，定期检查考核实施情况及实际效果，保存教育培训实施记录、检查与考核记录等。

（3）作业安全技术交底的管理

安全技术交底由园林工程施工单位技术管理人员根据工程的具体要求、特点和危险因素编写，是操作者的指令性文件。其内容主要包括：该园林工程施工项目的施工作业特点和危险点；针对该园林工程危险点的具体预防措施；园林工程施工中应注意的安全事项；相应

的安全操作规程和标准；发生事故后应及时采取的避难和急救措施。

作业安全技术交底的管理重点内容主要体现在两点上，首先应按安全技术交底的规定实施和落实；其次应针对不同工种、不同施工对象，或分阶段、分部、分项、分工种进行安全交底。

（4）对施工现场危险部位安全警示标志的管理

在园林工程施工现场入口处、起重设备、临时用电设施、脚手架、出入通道口、楼梯口、孔洞口、桥梁口、基坑边沿、爆破物及危险气体和液体存放处等危险部位应设置明显的安全警示标志。安全警示标志必须符合《安全标志及其使用导则》（GB 2894—2008）的规定。

（5）对施工机具、施工设施使用的管理

施工机械在使用前，必须由园林施工单位机械管理部门或岗位对安全保险、传动保护装置及使用性能进行检查、验收，填写验收记录，合格后方可使用。使用中，应对施工机具、施工设施进行检查、维护、保养、调整等。

（6）对施工现场临时用电的管理

园林工程施工现场临时用电的变配电装置、架空线路或电缆干线、分配电箱等电气设备，在组装或敷设完毕通电投入使用前，必须由施工单位安全部门或岗位与专业技术人员共同按临时用电组织设计的规定检查验收，不符合要求处须整改，待复查合格后，填写验收记录。使用中由专职电工负责日常检查、维护和保养。

（7）对施工现场及毗邻区域地下管线、建（构）筑物等专项防护的管理

园林施工单位应对施工现场及毗邻区域地下管线，如供水、供电、供气、供热、通信、光缆等地下管线，相邻建筑物、构筑物、地下工程等采取专项防护措施，特别是在城市市区施工的工程，为确保其不受损，施工中应组织专人进行监控。

（8）安全验收的管理

安全验收必须严格遵照国家标准、规定，按照施工方案或安全技术措施的设计要求，严格把关，并办理书面签字手续，验收人员对方案、设备、设施的安全保证性能负责。

（9）安全记录资料的管理

安全记录资料应在园林工程施工前，根据单位的要求及工程竣工验收资料组卷归档的有关规定，研究列出各施工对象的安全资料清单。随着园林工程施工的进展，园林施工单位应不断补充和填写材料、设备及施工作业活动的有关内容，记录新的情况。当每一阶段施工或安装工作完成，相应的安全记录资料也应随之完成，并整理组卷。施工安全资料应真实、齐全、完整，相关各方人员的签字齐备、字迹清楚、结论明确，与园林施工过程的进展同步。

2. 施工现场文明施工管理

施工现场文明施工可以保持良好的作业环境和秩序，对促进建设工程安全生产、加快施工进度、保证工程质量、降低工程成本、提高经济和社会效益起到了重要作用。园林工程施工项目必须严格遵守《建筑施工安全检查标准》（JGJ 59—2011）的文明施工要求，保证

施工项目的顺利进行。文明施工的管理内容主要包括以下几点：

（1）组织和制度管理

园林工程施工现场应成立以施工总承包单位项目经理为第一责任人的文明施工管理组织。分包单位应服从总包单位的文明施工管理组织统一管理，并接受监督检查。

各项施工现场管理制度应有文明施工的规定，包括个人岗位责任制、经济责任制、安全检查责任制、持证上岗制度、奖惩制度、竞赛制度和各项专业管理制度等。同时，应加强和落实现场文明检查、考核及奖惩管理，以促进施工文明管理工作的实施。检查范围和内容应全面周到，包括生产区、生活区、场容场貌、环境文明及制度落实等内容，对检查发现的问题应采取整改措施。

（2）文明施工资料的收集及其保存措施

文明施工的资料，包括：关于文明施工的法律法规和标准规定等资料；施工组织设计（方案）中对文明施工的管理规定，各阶段施工现场文明施工的措施；文明施工自检资料；文明施工教育、培训、考核计划的资料；文明施工活动各项记录资料等。资料员要对项目施工的文明施工资料进行收集、整理、归档工作，保证文明施工资料齐全、真实。

（3）文明施工的宣传和教育

要通过短期培训、上技术课、广播、录像等方法对作业人员进行文明施工教育，特别要注意对临时工的岗前教育。

3. 职业危害的卫生管理

园林工程施工的职业危害相对于其他建筑业的职业危害要轻微一些，但其职业危害的类型是大同小异的，主要包括粉尘、毒物、噪声、振动危害以及高温伤害等。在具体工程施工过程中，必须采取相应的卫生防治技术措施。这些技术措施主要包括防尘技术措施、防毒技术措施、防噪技术措施、防振技术措施、防暑降温的措施等。

4. 劳动保护管理

劳动保护管理的内容主要包括劳动防护用品的发放和劳动保健管理两方面。劳动防护用品必须严格遵守国家和地方的相关法规，并按照工种的要求进行发放、使用和管理。

5. 施工现场消防安全管理

我国消防工作坚持“以防为主，防消结合”的方针，“以防为主”就是要把预防火灾的工作放在首要位置，要开展防火安全教育，提高人群对火灾的警惕性，健全防火组织，严密防火制度，进行防火检查，消除火灾隐患，贯彻建筑防火措施等。“防消结合”就是在积极做好防火工作的同时，在组织上、思想上、物质上和技术上做好灭火战斗的准备，一旦发生火灾，就能及时有效地将火扑灭。

园林工程施工现场的火灾隐患明显小于一般建筑工地，但火灾隐患还是存在的，如一些易燃材料的堆放场地、仓库、临时性的建（构）筑物、作业棚等。

6. 季节性施工安全管理

季节性施工主要指雨期施工或冬期施工及夏期施工。雨期施工，应当采取措施防雨、防雷击，组织好排水，同时，应做好防止触电、防坑槽坍塌；沿河流域的工地还应做好防洪准备；傍山施工现场应做好防滑塌方措施；脚手架、塔式起重机等应做好防强风措施。冬期施工，应采取防滑、防冻措施，生活办公场所应当采取防火和防煤气中毒措施。夏期施工，应有防暑降温的措施，防止中暑。

3.5.2 建立健全园林工程施工安全管理制度

园林工程施工安全管理制度，主要包括安全目标管理、安全生产责任制、安全生产资金保障制度、安全教育培训制度、安全检查制度、生产安全事故报告制度、三类人员考核任职制和特种人员持证上岗制度、安全技术管理制度、设备安全管理制度、安全设施和防护管理制度、特种设备管理制度、消防安全责任制度等。建立健全工程施工安全管理制度是实现安全生产目标的保证。

1. 实施安全目标管理

安全目标管理是建设工程施工安全管理的重要举措之一。园林工程施工过程中，为了使现场安全管理实行目标管理，要制定总的安全目标（如伤亡事故控制目标、安全达标、文明施工），以便于制定年、月达标计划，进行目标分解到人，责任落实，考核到人。推行安全生产目标管理不仅能优化企业安全生产责任制，强化安全生产管理，体现“安全生产，人人有责”的原则，而且能使安全生产工作实现全员管理，有利于提高园林施工企业全体员工的安全素质。

安全目标管理的基本内容应包括目标体系的确定、目标责任分解及目标成果的考核。

2. 落实安全生产责任制

安全生产责任制是各项安全管理制度中最基本的一项制度。安全生产责任制度作为保障安全生产的重要组织手段，通过明确规定领导、各职能部门和各类人员在施工生产活动中应负的安全职责，把“管生产必须管安全”的原则从制度上固定下来，把安全与生产从组织上统一起来，从而强化园林施工企业各级安全生产责任，增强所有管理人员的安全生产责任意识，使安全管理做到责任明确、协调配合，从而使园林工程施工企业能够井然有序地进行安全生产。

（1）制定安全生产责任制

安全生产责任制是企业岗位责任制的一个主要组成部分，是企业安全管理中最基本的一项制度。安全生产责任制是根据“管生产必须管安全”“安全生产、人人有责”的原则，明确规定各级领导、各职能部门和各类人员在生产活动中应负的安全职责。

（2）明确各级安全生产责任制的基本要求

1）园林施工企业经理对本企业的安全生产负总的责任，各副经理对分管部门安全生产工作负责任。

2）园林施工企业总工程师（主任工程师或技术负责人）对本企业安全生产的技术工作负总的责任。在组织编制和审批园林施工组织设计（施工方案）和采用新技术、新工艺、新设备、新材料时，必须制定相应的安全技术措施；对职工进行安全技术教育；及时解决施工中的安全技术问题。

3）施工队长应对本单位安全生产工作负具体领导责任。认真执行安全生产规章制度，制止违章作业。

4）安全机构和专职人员应做好安全管理工作和监督检查工作。

5）在几个园林施工单位联合施工时，应由总包单位统一组织现场的安全生产工作，分包单位必须服从总包单位的指挥。对分包施工单位的工程，承包合同要明确安全责任，对不具备安全生产条件的单位，不得分包工程。

（3）贯彻落实安全生产责任制

1）园林施工企业必须自觉遵守和执行安全生产的各项规章制度，提高安全生产思想认识。

2）园林施工企业必须建立完善的安全生产检查制度，企业的各级领导和职能部门必须经常和定期地检查安全生产责任制的贯彻执行情况，视结果的不同给予不同程度的肯定、表扬或批评、处分。

3）园林施工企业必须强调安全生产责任制和经济效益结合。为了进一步巩固和执行安全生产责任制，应把国家利益、企业经济效益和个人利益结合起来，与个人的荣誉、职称升级和奖金等紧密挂钩。

4）园林工程在施工过程中要发动和依靠群众监督。在制定安全生产责任制时，要充分发动群众参加讨论，广泛听取群众意见；制度制定后，要全面发动群众的监督，“群众的眼睛是雪亮的”，只有群众参与的监督才是完善的、有深度的。

5）各级经济承包责任制必须包含安全承包内容。

（4）建立和健全安全档案资料。

安全档案资料是安全基础工作之一，也是检查考核落实安全责任制的资料依据，同时为安全管理工作提供分析、研究资料，从而便于掌握安全动态，方便对每个时期的安全工作进行目标管理，达到预测、预报、预防事故的目的。

根据《建筑施工安全检查标准》（JGJ 59—2011）等要求，施工企业应建立的安全管理基础资料包括：

1）安全组织机构。

2）安全生产规章制度。

3）安全生产宣传教育、培训。

4）安全技术资料（计划、措施、交底、验收）。

5）安全检查考核（包括隐患整改）。

6）班组安全活动。

7）奖罚资料。

8）伤亡事故档案。

9）有关文件、会议记录。

10）总、分包工程安全文件资料。

园林工程施工必须认真收集安全档案资料，定期对资料进行整理和鉴定，保证资料的真实性、完整性，并将档案资料分类、编号、装订归档。

3. 落实安全生产资金保障制度

安全生产资金是指建设单位在编制建设工程概算时，为保障安全施工确定的资金。园林建设单位根据工程项目的特点和实际需要，在工程概算中要确定安全生产资金，并全部、及时地将这笔资金划转给园林工程施工单位。安全生产资金保障制度是指施工单位的安全生产资金必须用于施工安全防护用具及设施的采购和更新；安全施工措施的落实；安全生产条件的改善等。

安全生产资金计划应包括安全技术措施计划和劳动保护经费计划，它应与企业年度各级生产财务计划同步编制，由企业各级相关负责人组织，并纳入企业财务计划管理，必要时及时修订调整。安全生产资金计划内容还应明确资金使用审批权限、项目资金限额、实施单位及责任者、完成期限等内容。

企业各级财务、审计、安全部门和工会组织，应对资金计划的实施情况进行监督审查，并及时向上级负责人和工会报告。

（1）安全生产资金计划编制的依据和内容

1）适用的安全生产、劳动保护法律法规和标准规范。

2）针对可能造成安全事故的主要原因和尚未解决的问题需采取的安全技术、劳动卫生、辅助房屋及设施的改进措施和预防措施要求。

3）个人防护用品等劳保开支需要。

4）安全宣传教育培训开支需要。

（2）安全生产资金保障制度的管理要求

1）应建立安全生产资金保障制度。项目经理部必须建立安全生产资金保障制度，从而有计划、有步骤地改善劳动条件、防止工伤事故、消除职业病和职业中毒等危害，保障从业人员生命安全和身体健康，确保正常施工安全生产。

2）安全生产资金保障制度内容应完备、齐全。安全生产资金保障制度应对安全生产资金的计划编制、支付使用、监督管理和验收报告的管理要求、职责权限和工作程序做出具体规定。

3）应制定劳保用品资金、安全教育培训转向资金、保障安全生产技术措施资金的支付使用、监督和验收报告的规定。

安全生产资金的支付使用应由项目负责人在其管辖范围内按计划予以落实，即做到专款专用，按时支付，不能擅自更改，不得挪作他用，并建立分类使用台账，同时根据企业规定，统计上报相关资料和报表。施工现场项目负责人应将安全生产资金计划列入议事日程，经常关心计划的执行情况和效果。

4. 落实安全教育培训制度

安全教育培训是安全管理的重要环节，是提高从业人员安全素质的基础性工作。按照国家部委相关规定，施工企业从业人员必须定期接受安全培训教育，坚持先培训、后上岗的制度。通过安全培训提高企业各层次从业人员搞好安全生产的责任感和自觉性，增强安全意识；掌握安全生产科学知识，不断提高安全管理业务水平和安全操作技术水平，增强安全防护能力，减少伤亡事故的发生。实行总分包的工程项目，总包单位负责统一管理分包单位从业人员的安全教育培训工作，分包单位要服从总包单位的统一领导。

安全教育培训制度应明确各层次各类从业人员教育培训的类型、对象、时间和内容，应对安全教育培训的计划编制、实施和记录、证书的管理要求、职责权限和工作程序做出具体规定，形成文件并组织实施。

安全教育培训的主要内容包括：安全生产思想、安全知识、安全技能、安全规程标准、安全法规、劳动保护和典型事例分析等。施工现场安全教育主要有以下几种形式：

（1）新工人“三级安全教育”

三级安全教育是企业必须坚持的安全生产基本教育制度。对新工人，包括新招收的合同工、临时工、农民工、实习和待培人员等，必须进行公司、项目、作业班组三级安全教育，时间不得少于40学时。经教育考试合格者才准进入生产岗位，不合格者必须补课、补考。对新工人的三级安全教育情况，要建立档案。新工人工作一个阶段后还应进行重复性的安全再教育，加深安全感性、理性知识的认识。

（2）变换工种安全教育

凡变换工种或调换工作岗位的工人必须进行变换工种安全教育。变换工种安全教育时间不得少于4学时，教育考核合格后方可上岗。

变换工种安全教育内容包括：新工作岗位或生产班组安全生产概况、工作性质和职责；新工作岗位必要的安全知识、各种机具设备及安全防护设施的性能和作用；新工作岗位、新工种的安全技术操作规程；新工作岗位容易发生事故及有毒有害的地方；新工作岗位个人防护用品的使用和保管等。

（3）专场安全教育

新转入施工现场的工人必须进行转场安全教育，教育实践不得少于8学时。专场安全教育内容包括：本工程项目安全生产状况及施工条件；施工现场中危险部位的防护措施及典型事故案例；本工程项目的安全管理体系、规定及制度等。

（4）特种作业安全教育

从事特种作业的人员必须经过专门的安全技术培训，经考试合格取得上岗操作证后方可独立作业。对特种作业人员的培训、取证及复审等工作严格执行国家、地方政府的有关规定。

对从事特种作业的人员要进行经常性的安全教育，时间为每月一次，每次教育4学时。特种作业安全教育内容为：特种作业人员所在岗位的工作特点，可能存在的危险、隐患和安全注意事项；特种作业岗位的安全技术要领及个人防护用品的正确使用方法；本岗位曾发生的事故案例及经验教训等。

（5）班前安全活动交底

班前活动交底（活动）作为施工队伍经常性安全教育活动之一，各作业班组长于每班工作开始前（包括夜间工作前）必须对本班组全体人员进行不少于15分钟的班前安全活动交底。班组长要将安全活动交底内容记录在专用的记录本上，各成员在记录本上签名。

班前安全活动交底的内容包括：本班组安全生产须知；本班工作中危险源（点）和应采取的对策；上一班工作中存在的安全问题和应采取的对策等。

（6）周一安全活动

周一安全活动作为施工项目经常性安全活动之一，每周一开始工作前对全体在岗工人开展至少1小时的安全生产及法制教育活动。工程项目主要负责人要进行安全讲话，主要内容包括：上周安全生产形势、存在问题及对策；最新安全生产信息；本周安全生产工作的重点、难点和危险点；本周安全生产工作目标和要求等。

5. 建立完善安全检查制度

园林施工单位施工现场项目经理部必须建立完善安全检查制度。安全检查是发现并消除施工过程中存在的不安全因素，宣传落实安全法律法规与规章制度，纠正违章指挥和违章作业，提高各级负责人与从业人员安全生产自觉性与责任感，掌握安全生产状态与寻找改进需求的重要手段。

安全检查制度应对检查形式、方法、时间、内容、组织的管理要求、职责权限，以及对检查中发现的隐患整改、处理和复查的工作程序及要求做出具体规定，形成文件并组织实施。

园林施工单位项目经理部安全检查应配备必要的设备或器具，确定检查负责人和检查人员，并明确检查内容及要求。安全检查人员应对检查结果进行分析，找出安全隐患部位，确定危险程度。施工单位项目经理部应编写安全检查报告。

园林施工单位项目经理部应根据施工过程的特点和安全目标的要求，确定安全检查内容，其内容应包括：安全生产责任制；安全生产保证计划；安全组织机构；安全保证措施；安全技术交底；安全教育；安全持证上岗；安全设施；安全标识；操作行为；违规管理；安全记录等。

园林施工单位项目经理部安全检查的方法应采取随机取样、现场观察和实地检测相结合的方式，并记录检测结果。安全检查主要有以下类型：

1）日常安全检查。如班组的班前、班后岗位安全检查，各级安全员及安全值日人员巡回安全检查，各级管理人员检查生产的同时检查安全。

2）定期安全检查。如园林施工企业每季组织一次以上的安全检查，企业的分支机构每月组织一次以上安全检查，项目经理每周组织一次以上的安全检查。

3）专业性安全检查。如施工机械、临时用电、脚手架、安全防护措施、消防等专业安全问题检查，安全教育培训、安全技术措施等施工中存在的普遍性安全问题检查。

4）季节性安全检查。如针对冬期、高温期间、雨期、台风季节等气候特点的安全检查。

5）节假日后安全检查。如元旦、春节、劳动节、国庆节等节假日前后的安全检查。

园林施工单位项目经理应根据施工生产的特点，法律法规、标准规范和企业规章制度的要求以及安全检查的目的，确定安全检查的内容；根据安全检查的内容，确定具体的检查项目及标准和检查评分方法，同时可编制相应的安全检查评分表；按检查评分表的规定逐项对照评分，并做好具体的记录，特别是不安全的因素和扣分原因。

6. 管理生产安全事故报告制度

生产安全事故报告制度是安全管理的一项重要内容，其目的是防止事故扩大，减少与之有关的伤害与损失，吸取教训，防止同类事故的再次发生。园林施工企业和施工现场项目经理部均应编制事故应急救援预案。园林施工企业应根据承包工程的类型，共性特征，规定企业内部具有通用性和指导性的事故应急救援的各项基本要求；单位项目经理部应按企业内部事故应急救援的要求，编制符合工程项目特点的、具体、细化的事故应急救援预案，直到施工现场的具体操作。

生产安全事故报告制度的管理，要求建立内容具体、齐全的生产安全事故报告制度，明确生产安全事故报告和处理的“四不放过”原则要求。“四不放过”原则是指：事故原因不查清楚不放过；事故责任者和职工未受到教育不放过；事故责任未受到处理不放过；没有采取防范措施、事故隐患不整改不放过的原则。园林施工企业应按“四不放过”原则对生产安全事故进行调查和处理。

生产安全事故报告制度的管理，要求办理意外伤害保险，制定具体、可行的生产安全事故应急救援预案，同时应建立应急救援小组和确定应急救援人员。

7. 编制安全技术管理制度

安全技术管理是施工安全管理的三大对策之一。工程项目施工前必须在编制施工组织设计（专项施工方案）或工程施工安全计划的同时，编制安全技术措施计划或安全专项施工方案。

安全技术措施是指为防止工伤事故和职业病的危害，从技术上采取的措施。在工程施工中，是指针对工程特点、环境条件、劳力组织、作业方法、施工机械、供电设施等制定的确保安全施工的措施。安全技术措施也是建设工程项目管理实施规划或施工组织设计的重要组成部分。

（1）安全技术措施编制依据

1）国家和地方有关安全生产的法律、法规和有关规定。

2）国家和地方建设工程安全生产的法律法规和标准规程。

3）建设工程安全技术标准、规范、规程。

4）企业的安全管理规章制度。

（2）安全技术措施编制的要求

1）及时性。

2）针对性。

3）可行性、具体性。

（3）安全技术管理制度的管理要求

1）园林施工企业的技术负责人以及工程项目技术负责人，对施工安全负技术责任。

2）园林工程施工组织设计（方案）必须有针对工程项目危险源而编制的安全技术措施。

3）经过批准的园林工程施工组织设计（方案），不准随意变更修改。

4）安全专项施工方案的编制必须符合工程实际，针对不同的工程特点，从施工技术上采取措施保证安全；针对不同的施工方法、施工环境，从防护技术上采取措施保证安全；针对所使用的各种机械设备，从安全保险的有效设置方面采取措施保证安全。

8. 制定设备安全管理制度

设备安全管理制度是施工企业管理的一项基本制度。企业应当根据国家、住建部、地方建设行政主管部门有关机械设备管理规定、要求，建立健全包括设备（包括应急救援设备、器材）安装和拆卸、设备验收、设备检测、设备使用、设备保养和维修、设备改造和报废等各项设备管理制度。制度应明确相应管理的要求、职责、权限及工作程序，确定监督检查、实施考核的办法，形成文件并组织实施。

对于承租的设备，除按各级建设行政主管部门的有关要求确认相应企业具有相应资质以外，园林施工企业与出租企业在租赁前应签订书面租赁合同，或签订安全协议书，约定各自的安全生产管理职责。

9. 制定安全设施和防护管理制度

根据《建设工程安全生产管理条例》第二十八条规定：施工单位应当在施工现场危险部位，设置明显的安全警示标志。安全警示标志包括安全色和安全标志，进入工地的人员通过安全色和安全标志能提高对安全保护的警觉，以防发生事故。园林工程施工企业应当建立施工现场正确使用安全警示标志和安全色的相应规定，对使用部位、内容做具体要求，明确相应管理的要求、职责和权限，确定监督检查的方法，形成文件并组织实施。

安全设施和防护管理的管理要求是应制定施工现场正确使用安全警示标志和安全色的统一规定。

园林施工现场使用安全警示标志和安全色应符合《安全标志及其使用导则》（GB 2894—2008）和《安全色》（GB 2893—2008）规定。

10. 规范消防安全责任制度

（1）消防安全责任制度的主要内容

消防安全责任制度是指施工单位应确定消防安全负责人，制定用火、用电、使用易燃易爆材料等各项消防安全管理制度和操作规程，施工现场设置消防通道、消防水源，配备消防设施和灭火器材，并在施工现场入口处设置明显标志。

（2）消防安全责任制度的管理要求

1）应建立消防安全责任制度，并确定消防安全负责人。园林施工单位各部门、各班组负责人及每个岗位的人员应当对自己管辖工作范围内的消防安全负责，切实做到“谁主管，谁负责；谁在岗，谁负责”；保证消防法律法规的贯彻执行，保证消防安全措施落到实处。

2）应建立各项消防安全管理制度和操作规程。园林施工现场应建立各项消防安全管理制度和操作规程，如制定用火用电制度，易燃易爆危险物品管理制度，消防安全检查制度，消防设施维护保养制度等，并结合实际，制定预防火灾的操作规程，确保消防安全。

3）应设置消防通道、消防水源、配备消防设施和灭火器材。园林施工现场应设置消防通道、消防水源、配备消防设施和灭火器材，并定期组织对消防设施、器材进行检查、维修，确保其完好、有效。

4）施工现场入口处应设置明显标志。

复习思考题

1. 园林施工安全管理的主要内容有哪些?
2. 园林施工安全管理制度主要有哪些?

任务3.6 园林工程施工劳动管理

园林工程施工劳动管理就是按施工现场的各项要求，合理配备和使用劳动力，并按园林工程的实际需要进行不断地调整，使人力资源得到最充分的利用，人力资源的配置结构达到最佳状态，从而达到降低工程成本，同时确保现场生产计划顺利完成的目的。它的任务是合理安排和节约使用劳动力，正确贯彻按劳分配原则，充分调动全体职工的劳动积极性，不断提高劳动生产率。

3.6.1 园林工程施工劳动组织管理

园林工程施工劳动组织管理的任务是根据科学分工协作的原则，正确配备劳动力，确立合理的组织机构，使人尽其才、物尽其用，并通过现场劳动的运行，不断改进和完善劳动组织，使劳动者与劳动组织的物质技术条件之间的关系协调一致，促进园林工程施工劳动生产率的提高。

1. 园林工程施工劳动力组织的形式

园林施工项目中的劳动力组织，是指劳务市场向园林施工项目供应劳动力的组织方式及园林工程施工班组中工人的结合方式。园林工程施工项目中的劳动力组织形式有以下几种：

（1）专业施工队

专业施工队即按施工工艺，由同一专业工种的工人组成的作业队，并根据需要配备一定数量的辅助工。专业施工队只完成其专业范围内的施工过程。这种组织形式的优点是生产任务专一，有利于提高专业施工水平，提高熟练程度和劳动效率；缺点是分工过细，适应范围小，工种间协作配合难度大。

（2）混合施工队

它是按施工需要，将相互联系的多工种工人组织在一起形成的施工队。它可以在一个集体中进行混合作业，工作中可以打破每个工人的工种界限。其优点是便于统一指挥，利于生产和工种间的协调配合；其缺点是其组织工作要求严密，管理要得力，否则会产生相互干扰和窝工现象。

施工队的规模一般应依据工程任务大小而定，施工队需采取哪种形式，则应以节约劳动力、提高劳动生产率为前提，按照实际情况进行选择。

2. 园林工程施工劳动组织的调整与稳定

园林工程施工劳动组织要服从施工生产的需要，在保持一定的稳定性情况下，要随现场施工生产的变化而不断调整。

（1）根据施工对象特点选择劳动组织形式

根据不同园林工程施工对象的特点，如技术复杂程度、工程量大小等，分别采取不同的劳动组织形式。

（2）尽量使劳动组合相对稳定

施工作业层的劳动组织形式一般有专业施工队和混合施工队两种。对项目经理部来说，应尽量使作业层正在使用的劳动力和劳动组织保持稳定，防止频繁调动。当现场的劳动组织不适应任务要求时，应及时进行劳动组织调整。劳动组织调整时应根据园林工程具体施工对象的特点分别采用不同劳动组织形式，有利于工种间和工序间的协作配合。

（3）技工和普工比例要适当

为保证园林工程施工作业需要和工种组合，技术工人与普通工人的比例要适当、配套，使技术工人和普通工人能够密切配合，既节约成本，又能保证工程进度和质量。

园林工程施工劳动组织的相对稳定，对保证现场的均衡施工，防止施工过程脱节具有重要作用。劳动组织经过必要的调整，使新的组织具有更强的协调和作业能力，从而提高劳动效率。

3. 园林工程施工劳动管理的内容

（1）上岗前的培训

园林工程项目经理部在准备组建现场劳动组织时，若在专业技术或其他素质方面现有人员或新招人员不能满足要求，则应提前进行培训，合格后再上岗作业。培训任务主要由企业劳动部门承担，项目经理部只能进行辅助培训，即临时性的操作训练或实验性的操作训练，并进行劳动纪律、工艺纪律及安全作业教育等。

（2）园林工程施工劳动力的动态管理

根据园林工程施工进展情况和需求的变化，随时进行人员结构、数量的调整，不断达到新的优化。当园林施工工地需要人员时人员立即进场，当出现过多人员时多余人员向其他工地转移，从而使每个岗位负荷饱满，每个工人有事可做。

（3）园林工程施工劳动要奖罚分明

园林工程施工的劳动过程就是园林产品的生产过程。工程的质量、进度、效益取决于园林工程施工劳动的管理水平、劳动组织的协作能力及劳动者的施工质量和效率。所以，要求每个工人的操作必须规范化、程序化。施工现场要建立考勤及工作质量完成情况的奖罚制度。对于遵守各项规章制度，严格按规范规程操作，完成工程质量优秀的班组或个人给予奖励；对于违反操作规程，不遵守各项现场规章制度的工人或班组给予处罚，严重者遣返劳务市场。

（4）做好园林工程施工工地的劳动保护和安全卫生管理

园林工程施工劳动保护及卫生工作较其他行业复杂，不安全、不卫生的因素较多，因此必须做到以下几个方面的工作：其一，建立劳动保护和安全卫生责任制，使劳动保护和安全卫生有人抓，有人管，有奖罚；其二，对进入园林工程施工工地的人员进行教育，增强工人的自我防范意识；其三：落实劳动保护及安全卫生的具体措施及专项资金，并定期进行全面的专项检查。

4. 园林工程施工劳动力管理的任务

（1）园林施工企业劳务部门的管理任务

由于园林施工企业的劳务部门对劳动力进行集中管理，故它在施工劳务管理中起着主导作用。它应做好以下几方面工作：

1）根据施工任务的需要和变化，从社会劳务市场中招募和遣返（辞退）劳动力。

2）根据项目经理部所提出的劳动力需要量计划与项目经理部签订劳务合同，并按合同向作业队下达任务，派遣队伍。

3）对劳动力进行企业范围内的平衡、调度和统一管理。施工项目中的承包任务完成后收回作业人员，重新进行平衡、派遣。

4）负责对企业劳务人员的工资奖金管理，实行按劳分配，兑现合同中的经济利益条款，进行合乎规章制度及合同约定的奖罚。

（2）施工现场项目经理的管理任务

项目经理部是项目施工范围内劳动力动态管理的直接责任者，其责任是：

1）按计划要求向企业劳务管理部门申请派遣劳务人员，并签订劳务合同。

2）按计划在项目中分配劳务人员，并下达施工任务单或承包任务书。

3）在施工中不断进行劳动力平衡、调整，解决施工要求与劳动力数量、工种、技术、能力、相互配合中存在的矛盾，达到劳动力优化组合的目的。

4）按合同支付劳务报酬。解除劳务合同后，将人员遣归内部劳务市场。

3.6.2 园林工程施工定额与劳动定额

1. 定额

（1）定额的概念

定额是指在正常的施工条件、先进合理的施工工艺和施工组织的条件下，采用科学的方法制定每完成一定计量单位的质量合格产品所必须消耗的人工、材料、机械设备及其价值的数量标准。正常的施工条件、先进合理的施工工艺和施工组织，就是指生产过程按生产工艺和施工验收规范操作，施工条件完善，劳动组织合理，机械运转正常，材料储备合理。在这样的条件下，采用科学的方法对完成单位产品进行的定员（定工日）、定质（定质量）、定量（定数量）、定价（定资金），同时还规定了应完成的工作内容、达到的质量标准和安全要求等。

实行定额的目的，是为了力求用最少的人力、物力和财力的消耗，生产出符合质量标准的合格建筑产品，取得最好的经济效益。

建设工程定额中的任何一种定额，都只能反映出一定时期生产力水平，当生产力向前发展了，定额就会变得不适应。所以说，定额具有显著的时效性。

（2）定额的分类

按其内容、形式、用途等不同，定额可以做如下分类：

1）按生产要素分类：劳动定额、材料消耗定额、机械台班使用定额。

2）按定额用途分类：施工定额、预算定额、概算定额、概算指标和估算指标。

3）按定额单位和执行范围分类：全国统一定额、专业专用和专业通用定额、地方统一定额、企业补充定额、临时定额。

4）按专业和费用分类：建筑工程定额、安装工程定额、其他工程和费用定额、间接费定额。

定额的形式、内容和种类是根据生产建设的需要而制定的，不同的定额及其在使用中的作用也不完全一样，但它们之间是相互联系的，在实际工作中有时需要相互配合使用。

2. 劳动定额

（1）劳动定额的概念

劳动定额也称为劳动消耗定额或人工定额，是指企业在正常生产条件下，在社会平均劳动熟练程度下，为完成单位产品而消耗的劳动量。所谓正常的生产条件是指在一定的生产（施工）组织和生产（施工）技术条件下，为完成单位合格产品，所必需的劳动消耗量的标准。这个标准是国家和企业对工人在单位时间内完成的产品数量、质量的综合要求。园林工程的劳动定额，是根据该地区园林工程施工平均的技术水平和劳动熟练程度制定的。

（2）劳动定额的作用

1）为工种人员配备提供依据。劳动定额是确定定员标准和合理组织施工的依据。劳动定额为施工工种人员的配备提供了可靠的数据。只有按劳动定额进行定员编制、组织生产、合理配备与协调平衡，才能充分发挥施工生产效率。

2）为工程的施工组织设计的编制提供依据。园林工程施工组织设计的编制是园林工程施工组织与管理的重要组成内容，而劳动定额可以为工程施工组织设计的编制提供科学可靠的依据。如施工进度计划的编制、施工作业计划的编制、劳动力需要量计划的编制、劳动工资计划的编制等，都以劳动定额为依据。

3）是衡量劳动效率的依据。利用劳动定额，可以衡量劳动生产效率，从中发现效率高低的原因，并总结先进经验，改进落后作业方式，不断提高生产效率。利用劳动定额可以把完成施工进度计划、提高经济效益和个人收入直接结合起来。

（3）劳动定额制定的基本原则

1）定额水平“平均先进”。这样才能代表社会生产力的水平和方向，推进社会生产力的发展。所谓平均先进水平，是指在施工任务饱满、动力和原料供应及时、劳动组织合理、企业管理健全等正常施工条件下，多数工人可以达到或超过，少数工人可以接近的水平。平均先进的定额水平，既要反映各项先进经验和操作方法，又要从实际出发，区别对待，综合分析利弊，使定额水平做到合理可行。

2）结构形式“简明适用”。定额项目划分合理，步距大小适当，文字通俗易懂，计算方法简便，易于工人掌握和运用，在较大范围内满足不同情况和不同用途的需要。

3）编制方法“专群结合”。劳动定额要有专门机构负责组织，专职定额人员和工人、工程技术人员相结合，以专职人员为主进行编制。同时，编制定额时，必须取得工人的配合和支持，使定额具有群众基础。

上述编制定额的三个重要原则是相互联系、相互作用的，缺一不可。

（4）劳动定额编制的基本方法

劳动定额的制定要有科学的根据，要有足够的准确性和代表性，既考虑先进技术水平，又考虑大多数工人能达到的水平，即所谓先进合理的原则。

1）经验估算法。经验估算法是指根据定额人员、生产管理技术人员和老工人的实践经验，并参照有关技术资料，通过座谈讨论、分析研究和计算而制定定额的方法。其优点是：定额制定较为简单，工作量小，时间短，不需要具备更多的技术条件。缺点是：定额受估工人员的主观因素影响大，技术数据不足，准确性差。此种方法只适用于批量小，不易计算工作量的生产过程。通常作为一次性定额使用。

2）统计分析法。这是根据一定时期内生产同类产品各工序的实际工时消耗和完成产品的数量的统计，经过整理分析制定定额的方法。其优点是：方法简便，比经验估计法有更多的统计资料作为依据。缺点是：原有统计资料不可避免地包含着一些偶然因素，以致影响定额的准确性。此种方法适用于生产条件正常、产品稳定、批量大、统计工作制度健全的生产过程定额的制定。

3）比较类推法。这是按过去积累的统计资料，经过分析、整理，并结合现实的生产技术和组织条件确定劳动定额的一种方法。该法比经验估算法准确可靠，但对统计资料不加分析也会影响劳动定额的准确性。这种方法简便、工作量少，只要典型定额选择恰当，切合实际，具有代表性，类推出的定额水平一般比较合理。但如果典型选择不当，整个系列定额都会有偏差。这种方法适用于定额测定较困难，同类型项目产品品种多，批量少的施工过程。

4）技术测定法。这是指在分析研究施工技术及组织条件的基础上，通过对现场观察和技术测定的资料进行分析计算，来制订定额的方法。它是一种典型的调查研究方法。其优点是：通过测定可以获得制定定额工作时间消耗的全部资料，有充分的依据，准确度较高，是一种科学的方法。缺点是：定额制定过程比较复杂，工作量较大、技术要求高，同时还需要做好工人的思想工作。这种方法适用于新的定额项目和典型定额项目的制定。

上述四种方法可以结合具体情况具体分析，灵活运用，在实际工作中常常是几种方法并用。

（5）劳动定额的表现形式

劳动定额按其表现形式有时间定额和产量定额两种。

1）时间定额。时间定额就是指在一定的生产技术和生产组织条件下，某工种、某技术等级的工人小组或个人，完成单位合格产品所必须消耗的劳动时间。

这里的劳动时间包括有效工作时间（准备时间 + 基本生产时间 + 辅助生产时间），不可避免的中断时间以及工人必需的工间休息时间等。即

定额工作时间 = 工人的有效工作时间 + 必需的休息时间 + 不可避免的中断时间

时间定额以工日为单位，每一个工日按 8 小时计算，计算方法如下：

单位产品时间定额（工日）=1/ 每工产量

单位产品时间定额（工日）= 小组成员工日数的总和 / 台班产量（班组完成产品数量）

2）产量定额。产量定额就是指在一定的生产技术和生产组织条件下，某工种、某技术等级的工人小组或个人，在单位时间（工日）内完成合格产品的数量。其计算方法如下：

产量定额 =1/ 单位产品时间定额（工日）

台班产量 = 小组成员工日数总和 / 单位产品时间定额（工日）

产量定额的计量单位，以单位时间的产品计量单位表示，如立方米、平方米、吨、块、根等。

3）时间定额与产量定额之间的关系。时间定额和产量定额都表示同一劳动定额，但各有用处。时间定额是以工日为单位，便于综合，用于计算比较方便。产量定额是以产品数量为单位，具有形象化的特点，在工程施工时便于分配任务。

时间定额是计算产量定额的依据，产量定额是在时间定额基础上制定的。当时间定额减少或增加时，产量定额也就增加或减少，时间定额和产量定额在数值上互成反比例关系或

互为倒数关系。即

$$时间定额 \times 产量定额 =1$$

（6）劳动定额管理需注意事项

1）维持定额的严肃性，不经规定手续，不得任意修改定额。

2）做好定额的补充和修订。对于定额中的缺项和由于新技术、新工艺的出现而引起的定额的变化，要及时进行补充和修订。但在补充和修订中必须按照规定的程序、原则和方法进行。

3）做好任务书的签发、交底、验收和结算工作。把劳动定额与班组经济责任制和内部承包结合起来。

4）统计、考核和分析定额执行情况。建立和健全工时消耗原始记录制度，使定额管理具有可靠的基础资料。

复习思考题

1. 园林工程施工劳动组织管理的概念和主要内容是什么?
2. 园林工程施工劳动力组织的形式有哪些?
3. 什么是定额、劳动定额?
4. 简述劳动定额的表现形式及相互关系。

任务 3.7 园林工程施工材料管理

3.7.1 明确园林工程施工材料管理的任务

园林工程施工材料管理工作的基本任务是：本着施工材料必须全面管供、管用、管节约和管回收的原则，把好供应、管理、使用三个主要环节，以最低的材料成本，按质、按量、及时、配套供应施工生产所需的材料，并监督和促进材料的合理使用。

园林工程施工材料管理的具体任务是：

1. 提高计划管理质量，保证材料及时供应

提高计划管理质量，首先要提高核算工程用料的正确性。计划是组织指导材料业务活动的重要环节，是组织货源和供应工程用料的依据。在实际操作过程中常常因为设计变更和

施工条件的变化，改变了原定的材料供应计划，因此，园林工程施工材料计划工作必须与设计单位、建设单位和施工单位保持密切联系。对重大设计变更，大量材料代用，材料的价差和量差等重要问题，应与有关单位协商解决好。同时材料管理与供应人员要有随机应变的工作水平，以满足工程作业的材料需求。

2. 提高材料供应管理水平，保证工程进度

施工材料供应管理包括采购、运输及仓库管理业务，这是工程顺利进行的先决条件。由于园林工程产品的规格、式样多，每项工程都是按照园林工程项目的特定要求设计和施工的，对材料的需求各不相同。材料的数量和质量受设计的制约，而在材料流通过程中受生产和运输条件的制约，同时还受到景观效果的制约，价格上受到的制约因素更多，因此材料部门要主动与施工部门保持密切联系，交流情况，互相配合，这样才能提高供应管理水平，适应施工要求。对特殊材料要采取专料专用控制，以确保工程进度。

3. 加强施工现场材料管理，坚持定额用料

园林工程产品体积庞大，生产周期长，用料数量多，运量大，而且施工现场一般比较狭小，储存材料困难。在施工高峰期间，园林、市政、土建、安装交叉作业，材料储存地点与供、需、运、管之间矛盾突出，容易造成材料浪费，甚至产生大面积破坏。因此，施工现场材料管理，首先要建立健全材料管理责任制度，材料员要参加现场施工平面总图关于材料布置的规划工作。在组织管理方面要认真发动群众，坚持专业管理与群众管理相结合的原则，建立健全施工队（组）的管理网，这是材料使用管理的基础。在施工过程中要坚持定额供料，严格领退手续，达到“工完料尽场地清”，同时做好各项施工工种间的相互衔接工作，尽量避免相互破坏，节约用料。

4. 严格经济核算，降低成本，提高效益

园林工程企业提高经济效益，必须立足于全面提高经营管理水平。根据大量园林工程项目造价分析，一般情况下，工程的直接费占总造价的四分之三左右，而其中材料费为直接费的三分之二。说明材料费占主要地位。材料供应管理是各项工作的重中之重，要全面实行经济核算责任制度。由于材料供应方面的经济效果较为现实可比，目前园林工程企业在不同程度上已重视材料价格差异的经济效益，但仍忽视材料的使用管理，甚至以材料价差盈余掩盖企业管理的不足，这不利于提高企业管理水平，应当引起重视。

3.7.2 熟悉园林工程施工材料供应管理的内容

园林工程施工材料供应与管理的主要内容是：两个领域、三个方面和八项业务。

（1）两个领域

两个领域是指在物资流通领域的材料管理和生产领域的材料管理。

1）物资流通领域是指整个国民经济物资流通的组织形式。园林工程施工材料是物资流通领域的组成部分。物资流通领域的材料管理是在企业材料计划指导下，组织货源，进行订货、采购、运输和技术保管，以及对企业多余材料向社会提供资源等活动的管理。

2）生产领域的材料管理，指在生产消费领域中，实行定额供料，采取节约措施和奖励办法，鼓励降低材料单耗，实行退料回收和修旧利废活动的管理。园林施工企业的施工队是施工材料供应、管理、使用的基层单位，它的材料工作重点是管用，工作的好与坏对管理的成效有明显作用。基层把工作做好了，不仅可以提高企业经济效益，还能为材料供应与管理打下基础。

（2）三个方面

三个方面是指园林施工材料的供应、管理、使用，它们是紧密结合的。

（3）八项业务

八项业务是指材料计划、组织货源、运输供应、验收保管、现场材料管理、工程耗料核销、材料核算和统计分析八项业务。

3.7.3 落实园林施工现场材料管理

凡项目所需的各类材料，自进入施工现场至施工结束清理现场为止的全过程所进行的材料管理，均属施工现场材料管理的范围。

施工现场是园林施工企业从事施工生产活动，最终形成园林产品的场所。在园林工程建设中，造价 70% 左右的材料费，都是通过施工现场投入消费的。施工现场的材料管理，属于生产领域里材料耗用过程的管理，与企业其他技术经济管理有密切的关系，是园林施工企业材料管理的出发点和落脚点。

现场材料管理，是在现场施工过程中，根据工程类型、场地环境、材料保管和消耗特点，采取科学的管理办法，从材料投入到成品产出全过程进行计划、组织、协调和控制，力求保证生产需要和材料的合理使用，最大限度地降低材料消耗。

现场材料管理的好坏，是衡量园林施工企业经营管理水平和实现文明施工的重要标志，也是保证工程进度、工程质量，提高劳动效率，降低工程成本的重要环节。加强现场材料管理，是提高材料管理水平、克服施工现场混乱和浪费现象、提高经济效益的重要途径之一。

施工项目经理是现场材料管理全面领导责任者；施工项目经理部主管材料人员是施工现场材料管理直接责任人；班组料具员在主管材料员业务指导下，协助班组长组织和监督本班组合理领、用、退料。现场材料人员应建立材料管理岗位责任制。

1. 施工现场材料管理的原则和任务

1）全面规划，保障园林施工现场材料管理有序进行。

全面规划是指在园林工程开工前做出施工现场材料管理规划，参与施工组织设计的编制，规划材料存放场地、运输道路，做好园林工程材料预算，制定施工现场材料管理目标。

全面规划是使现场材料管理全过程有序进行的前提和保证。

2）合理计划，掌握进度，正确组织材料进场。

按工程施工进度计划，组织材料分期分批有秩序地进场。一方面保证施工生产需要，另一方面可以防止形成大批剩余材料。计划进场是现场材料管理的重要环节和基础。

3）严格验收，严格保证工程质量第一关。

按照各种材料的品种、规格、质量、数量要求，严格对进场材料进行检查，办理收料。验收是保证进场材料品种、规格符合设计要求，质量完好、数量准确的第一道关口，是保证工程质量，实现降低成本的重要保证条件。

4）合理存放，促进园林工程施工的顺利进行。

按照现场平面布置要求，做到适当存放，在方便施工、保证道路畅通、安全可靠的原则下，尽量减少二次搬运。合理存放是妥善保管的前提，是生产顺利进行的保证，是降低成本的重要方面。

5）进入现场的园林材料应根据材料的属性妥善保管。

园林工程材料各具特性，尤其是植物材料，其生理生态习性各不相同，因此，必须按照各项材料的自然属性，依据物资保管技术要求和现场客观条件，采取各种有效措施进行维护、保养，保证各项材料不降低使用价值，植物材料成活率高。妥善保管是物尽其用，实现降低成本的又一保证条件。

6）控制领发，加强监督，最大限度地降低工程施工消耗。

施工过程中，按照施工操作者所承担的任务，依据定额及有关资料进行严格的数量控制，提高工程施工组织与技术规范。

7）加强材料使用记录与核算，改进现场材料管理措施。

用实物量形式，通过对消耗活动进行记录、计算、控制、分析、考核和比较，反映消耗水平。准确核算既是对本期管理结果的反映，又为下期提供改进的依据。

2. 现场材料管理的内容

（1）材料计划管理

项目开工前，向企业材料部门提出整体性计划，作为供应备料依据；在施工中，根据工程变更及调整的施工预算，及时向企业材料部门提出调整供料月计划，作为动态供料的依据；根据施工平面图对现场设施的设计，按使用期提出施工设施用料计划，报供应部门作为送料的依据；按月对材料计划的执行情况进行检查，不断改进材料供应。

（2）材料进场验收

为了把住质量和数量关，在材料进场时必须根据进料计划、送料凭证、质量保证书或产品合格证，进行材料的数量和质量验收；验收工作按质量验收规范和计量检测规定进行；验收内容包括品种、规格、型号、质量、数量、证件等；验收要做好记录、办理验收手续；对不符合计划要求或质量不合格的材料应拒绝验收入库。

1）验收准备工作。现场材料人员接到材料进场的预报后，要做好以下五项准备工作：

① 检查现场施工便道有无障碍及平整通畅，车辆进出、转弯、调头是否方便，还应适当考虑回车道，以保证材料能顺利进场。

② 按照施工组织设计的场地平面布置图的要求，选择好适当的堆料场地，要求平整、没有积水。

③ 必须进现场临时仓库的材料，按照“轻物上架，重物近门，取用方便”的原则，准备好库位；防潮、防霉材料要事先铺好垫板；易燃易爆材料，一定要准备好危险品仓库。

④ 夜间进料，要准备好照明设备，在道路两侧及堆料场地，都应有足够的亮度，以保证安全生产。

⑤ 准备好起卸设备、计量设备、遮盖设备等。

2）验收步骤。现场材料的验收主要是检验材料品种、规格、型号、数量和质量。验收步骤如下：

① 查看送料单，是否有误送。

② 核对实物的品种、规格、数量和质量，是否和凭证一致。

③ 检查原始凭证是否齐全正确。

④ 做好原始记录，填写收料日记，逐项详细填写。其中验收情况登记栏，必须将验收过程中发生的问题填写清楚。

3）验收方法。根据材料的不同，其验收方法也不一样。

① 水泥需要按规定取样送检，经试验安定性合格后方可使用。

② 木材质量验收包括材种验收和等级验收，数量以材积表示。

③ 钢材质量验收分外观质量验收和内在化学成分、力学性能的验收。

④ 园林建筑小品材料验收要详细核对加工计划，认真检查规格、型号和数量。

⑤ 园林植物材料验收时应确认植物材料形状尺寸（树高、胸径、冠幅等）、树形、树势、根的状态及有无病虫害等，搬入现场时还要再次确认树木根系与土球状况、运输时有无损伤等，同时还应该做好数量的统计与确认工作。

（3）材料的储存与保管

进库的材料应验收入库，建立台账；现场的材料必须防火、防盗、防雨、防变质、防损坏；施工现场材料的放置要按平面布置图实施，做到位置正确、保管处置得当、合乎堆放保管制度；要日清、月结、定期盘点、账实相符。

园林植物材料坚持随挖、随运、随种的原则，尽量减少存放时间，如需假植，应及时进行假植。

（4）材料领发

凡有定额的工程用料，凭限额领料单领发材料。施工设施用料也实行定额发料制度，以设施用料计划进行总控制。超限额的用料，用料前应办理手续，填制限额领料单，注明超耗原因，经签发批准后实施。建立领发料台账，记录领发状况和节超状况。

台账主要有：因设计变更、施工不当等造成的工程量增加或减少，所需的由工长填制、项目经理审批的工程暂借用料单（表3-10）；有施工组织设计以外的临时零星用料，由工长填制、项目经理审批的工程暂设用料申请单（表3-11）；有因调出项目以外其他部门或施工项目的，本施工项目材料主管人签发或上级主管部门签发，项目材料主管人员批准的材料调拨单（表3-12）等。

表3-10 工程暂借用料单

班组　　　　工程名称　　　　工程量

施工项目　　　　年　月　日

材料名称	规格	计量单位	应发数量	实发数量	原因	领料人

项目经理（主管工长）　　　　发料　　　　定额员

表3-11 工程暂设用料申请单

单位

班组　　　　年　月　日　　　　编号

材料名称	规格	计量单位	请发数量	实发数量	用途

项目经理（主管工长）　　　　发料　　　　领料

表3-12 材料调拨单

号　　　　收料单位

年　月　日　　　　发料单位

材料名称	规格	单位	请发数量	实发数量	实际价格		计划价格		注
					单价	金额	单价	金额	
合计									

主管：　　　　收料：　　　　发料：　　　　制表：

发料时应以限额领料单为依据，限量发放，可直接记载在限额领料单上，也可开领料小票，双方签字认证，见表3-13。

若一次开出的领料量较大需多次发放，应在发放记录上逐日记载实领数量，由领料人签认，见表 3-14。

表 3-13 限额领料单

工程名称　　　　　　　　　　　　　　　队组
工程项目　　　　　　　　　　　　　　年　月　日　　　用途

材料编号	材料名称	规格	单位	数量	单价	金额

材料保管员　　　　　　　　　　　　　领料　　　　　　　　　　　　材料核算员

表 3-14 发放记录

栋号
班组　　　　　　　　　　　　　　　　年　月　　　　　　　　　　　　计量单位：

任务书编号	日期	工程项目	发放量	领料人	任务书编号	日期	工程项目	发放量	领料人

主管　　　　　　　　　　　　　　　　保管员

针对现场材料管理的薄弱环节，材料发放中应做好几方面工作：

1）必须提高材料人员的业务素质和管理水平，要对在建的工程概况、施工进度计划、材料性能及工艺要求有进一步的了解，便于配合施工生产。

2）根据施工生产需要，按照国家计量法规定，配备足够的计量器具，严格执行材料进场及发放的计量检测制度。

3）在材料发放过程中，认真执行定额用料制度，核实工程量、材料的品种、规格及定额用量，以免影响施工生产。

4）严格执行材料管理制度，大堆材料清底使用，水泥早进早发，装修材料按计划配套发放，以免造成浪费。

5）对价值较高及易损、易坏、易丢的材料，发放时领发双方须当面点清，签字认证，并做好发放记录。实行承包责任制，防止丢失损坏，以免重复领发料的现象发生。

3. 加强材料消耗管理，降低材料消耗

材料消耗过程的管理，就是对材料在施工生产消耗过程中进行组织、指挥、监督、调节和核算，借以消除不合理的消耗，达到物尽其用，降低材料成本，增加企业经济效益的目的。在园林建设工程中，材料费用占工程造价比重很大，施工企业的利润大部分来自材料采购成本的节约和降低材料消耗，特别是要求降低现场材料消耗。

为改善现场材料管理水平，强化现场材料管理的科学性，达到节约材料的目的，施工企业不但要研究材料节约的技术措施，更重要的是研究材料节约的组织措施。组织措施比技

术措施见效快、效果大，因此要特别重视施工规划（施工组织设计）对材料节约技术组织措施的设计，特别重视月度技术组织措施计划的编制和贯彻。

复习思考题

1. 园林施工材料管理的具体任务是什么?
2. 简述园林施工材料供应与管理的主要内容。
3. 结合实际，试论述园林工程施工现场材料发放中应注意的问题。

实训题　园林工程施工现场材料管理实训

一、实训目的

通过现场施工材料的管理实训，使学生学会根据实际采取科学的管理办法，全过程进行计划、组织、协调和控制，保证生产需要和材料的合理使用。

二、实训内容

园林工程施工现场植物材料的计划、组织、协调与控制。

三、步骤和方法

1. 植物材料计划管理。项目开工前，向企业材料部门提出一次性计划，作为供应备料依据；在施工中，根据工程变更及调整的施工预算，及时向企业材料部门提出调整供料月计划，作为动态供料的依据；按月对材料计划的执行情况进行检查，不断改进材料供应。

2. 植物材料进场验收。验收内容包括品种、规格、树形、数量、证件等；验收要做好记录、办理验收手续；对不符合计划要求或质量不合格的材料应拒绝验收。

验收步骤如下：

1）查看送料单，是否有误送。

2）核对实物的品种、规格、数量和质量，是否和凭证一致。

3）检查原始凭证是否齐全正确。

4）做好原始记录，填写收料日记，逐项详细填写；其中验收情况登记栏，必须将验收过程中发生的问题填写清楚。

3. 植物材料的储存与保管。

4. 植物材料领发。建立领发料台账，记录领发状况和节超状况。

5. 植物材料使用监督。现场材料管理责任者应对现场材料的使用进行分工监督，做到随到随种，减少植物根系裸露时间。

6. 植物材料回收。班组余料必须回收，及时办理退料手续，并在限额领料单中登记扣除。余料要造表上报，安排专人做好植物材料的假植工作，防止材料浪费。

四、实训成果

根据实训过程，总结说明植物材料现场管理过程中应该注意哪些问题。

任务 3.8 园林工程施工资料管理

工程资料是园林工程建设过程中形成并收集汇编的各种形式的信息记录，它是工程项目竣工验收和质量保证的重要依据之一，施工单位应负责其施工范围内资料的收集和整理，对施工资料的真实性、完整性和有效性负责，并应在工程竣工验收前，按合同要求将工程的施工资料整理汇总完成，移交建设单位进行工程竣工验收。

3.8.1 掌握园林工程施工资料的主要内容

1）工程项目开工报告和竣工报告（表 3-15、表 3-16）。

表 3-15 工程开工报告

施工单位： 报告日期：

工程编号		开工日期	
工程名称		结构类型	
业主		建筑面积	
建设单位		建筑造价	
设计单位		业主联系人	
监理单位		总监理工程师	
项目经理		制表人	
说明			

施工单位意见：	监理单位意见：	业主意见：
签名（盖章） 年 月 日	签名（盖章） 年 月 日	签名（盖章） 年 月 日

注：本表一式四份，施工单位、监理单位、业主盖章后各一份，开工 3 天内报主管部门一份。

表 3-16　工程竣工报告

工程名称		绿化面积		地点	
业主		结构类型		造价	
施工员		计划工期		实际工期	
开工日期		竣工日期			
技术资料齐全情况					
竣工标准达到情况					
甩项项目和原因					
本工程已于　　年　　月　　日全部竣工，请于　　年　　月　　日在现场派人验收。 技术负责人： 项目经理： 年　月　日		监理审核意见： 签名（公章）： 年　月　日		业主审批意见： 签名（公章）： 年　月　日	

2）中标通知书和园林工程承包合同。

3）工程开工 / 复工报审表（表 3-17）。

表 3-17　工程开工 / 复工报审表

工程名称：　　　　　　　　　　　　　　　　编号

致：
我方承担的工程，已完成以下各项工程，具备了开工 / 复工条件，特此申请施工，请核查并签发开工 / 复工指令。 附：1．开工报告 2．（证明文件） 承包单位（章） 项目经理 日期
审查意见： 项目监理机构 总监理工程师 日期

××××园林工程公司

4）园林工程联系单（表 3-18）。

表 3-18　工程联系单

编号　　绿字第　号　　　　　　　　　　联系日期：

工程名称	
业主单位	
抄送单位	
联系内容	
	提出者：　　　　　　主管：（盖章）
业主单位	签字：（盖章）
监理单位	签字：（盖章）

5）图纸会审和设计交底记录表（表 3-19）。

表 3-19　图纸会审和设计交底会议纪要

建设单位：　　　　　　设计单位：

施工单位：　　　　　　工程名称：　　　　　　交底日期：

出席单位	出席会议人员名单
建设单位	
设计单位	
施工单位	
监理单位	

注：交底内容在纪要后附报告纸。

6）园林工程变更单（表 3-20）。

7）技术变更核定单（表 3-21）。

表 3-20　园林工程变更单

工程名称：　　　　　　编号：

<table>
<tr><td colspan="3">致（监理单位）：
由于原因，兹提出工程变更（内容见附件），请予以审批。
附件

提出单位：
代表人：
日期：</td></tr>
<tr><td colspan="3">一致意见：</td></tr>
<tr><td>建设单位代表
签字：
日期：</td><td>设计单位代表
签字：
日期：</td><td>项目监理机构
签字：
日期：</td></tr>
</table>

表 3-21　技术变更核定单

第　页共　页　　　　　　编号：

<table>
<tr><td>建设单位</td><td colspan="2"></td><td>设计单位</td><td></td></tr>
<tr><td>工程名称</td><td colspan="2"></td><td>分项部位</td><td></td></tr>
<tr><td>施工单位</td><td colspan="2"></td><td>工程编号</td><td></td></tr>
<tr><td>项次</td><td colspan="4">核定内容</td></tr>
<tr><td></td><td colspan="4"></td></tr>
<tr><td></td><td colspan="4"></td></tr>
<tr><td></td><td colspan="4"></td></tr>
<tr><td></td><td colspan="4"></td></tr>
<tr><td></td><td colspan="4"></td></tr>
<tr><td colspan="2">主送或抄送单位</td><td colspan="2">会签</td><td>签发</td></tr>
<tr><td colspan="2"></td><td colspan="2"></td><td></td></tr>
</table>

8）工程质量事故发生后调查和处理资料（表3-22、表3-23）。

表3-22 一般工程质量事故报告表

工程名称：　　　　填报单位：　　　　填报日期：

<table>
<tr><td colspan="3">分部分项工程名称</td><td></td><td>事故性质</td><td></td></tr>
<tr><td colspan="3">部位</td><td></td><td>发生日期</td><td></td></tr>
<tr><td>事故
情况</td><td colspan="5"></td></tr>
<tr><td>事故
原因</td><td colspan="5"></td></tr>
<tr><td>事故
处理</td><td colspan="5"></td></tr>
<tr><td rowspan="5">返工
损失</td><td colspan="2">事故工程量</td><td colspan="3"></td></tr>
<tr><td rowspan="3">事故
费用</td><td>材料费（元）</td><td></td><td rowspan="3">合计</td><td rowspan="3">元</td></tr>
<tr><td>人工费（元）</td><td></td></tr>
<tr><td>其他费用（元）</td><td></td></tr>
<tr><td colspan="2">耽误工作日</td><td colspan="3"></td></tr>
<tr><td>备注</td><td colspan="5"></td></tr>
</table>

质监负责人：　　　　制表人：

表3-23 重大工程质量事故报告表

填报单位：（盖章）

工程名称		设计单位	
建设单位		施工单位	
工程地点		事故发生时间	
损失金额（元）		人员伤亡	
工程概况、事故情况及主要原因			
备注			

填表人：　　　　报出日期：　　　　年　月　日

9）水准点位置、定位测量记录、沉降及位移观测记录（表3-24）。

表3-24 测量复核记录

工程名称		施工单位	
复核部位		日期	
原施测人签字		复核测量人签字	
测量复核情况（草图）			
备注			

10）材料、设备、构件的质量合格证明资料（表 3-25）。这些证明材料必须如实地反映实际情况，不得擅自修改、伪造和事后补作。对有些重要材料，应附有关资质证明材料、质量及性能资料的复印件。

表 3-25 进场设备报验表

<table>
<tr><td colspan="2">工程名称</td><td colspan="3"></td><td>表号</td><td colspan="2">监 A—02</td></tr>
<tr><td colspan="2">施工合同</td><td colspan="3"></td><td>编号</td><td colspan="2"></td></tr>
<tr><td colspan="8">致（监理单位）：
下列施工设备已按合同规定进场，请查验签证，准予使用。</td></tr>
<tr><td>设备名称</td><td>规格型号</td><td>数量</td><td>生产单位</td><td>进场日期</td><td>技术状况</td><td>拟用何处</td><td>备注</td></tr>
<tr><td></td><td></td><td></td><td></td><td></td><td></td><td></td><td></td></tr>
<tr><td></td><td></td><td></td><td></td><td></td><td></td><td></td><td></td></tr>
<tr><td colspan="8">项目经理：　　　　日期：　　　　承包商（盖章）：</td></tr>
<tr><td colspan="8">监理单位审定意见：

监理工程师：　　　　日期：　　　　监理单位（盖章）：</td></tr>
</table>

注：本表由承包商呈报三份，查验后监理方、业主、承包商各持一份。

11）试验、检验报告（表 3-26）。各种材料的试验检验必须根据规范要求制作试件或取样，进行规定数量的试验，若施工单位对某种材料的检验缺乏相应的设备，可送具有权威性、法定性的有关机构检验。植物材料必须要附有当地植物检疫部门开出的植物检疫证书（表 3-27 ～表 3-29）。试验检验的结论只有符合设计要求后才能用于工程施工。

表 3-26 工程材料报验表

<table>
<tr><td>工程名称</td><td></td><td>表号</td><td>监 A—06</td></tr>
<tr><td>施工合同</td><td></td><td>编号</td><td></td></tr>
<tr><td colspan="4">致（监理单位）：
下列建筑材料经自检试验，符合技术规范及设计要求，报请验证，并准予进场使用。
附件：1. 材料清单（材料名称、产地、厂家、用途、规格、准用证号、数量）
2. 材料出厂合格证
3. 材料复试报告
4. 准用证

项目经理：　　　　日期：　　　　承包商（盖章）：</td></tr>
<tr><td colspan="4">监理单位审定意见：

监理工程师：　　　　日期：
监理单位（盖章）：</td></tr>
</table>

注：本表由承包商呈报三份，审批后监理方、业主、承包商各执一份。

表 3-27 植物检疫证书（省内）

林（ ）检字

产地			
运输工具		包装	
运输起讫	自	至	
发货单位（人）及地址			
收货单位（人）及地址			
有效期限	自 年 月 日至 年 月 日		
植物名称	品名（材种）	单位	数量
合计			

签发意见：上列植物或植物产品，经（ ）检疫未发现森林植物检疫对象及本省（区、市）补充检疫对象，同意调运。
签发机关（森林植物检疫专用章） 检疫员
签证日期： 年 月 日

注：1. 本证无调出地森林植物检疫专用章和检疫员签字（盖章）无效。
2. 本证转让、涂改和重复使用无效。
3. 一车（船）一证，全程有效。

表 3-28 植物检疫证书（出省）

林（ ）检字

产地			
运输工具		包装	
运输起讫	自	至	
发货单位（人）及地址			
收货单位（人）及地址			
有效期限	自 年 月 日至 年 月 日		
植物名称	品名（材种）	单位	数量
合计			

签发意见：上列植物或植物产品，经（ ）检疫未发现森林植物检疫对象、本省（区、市）及调入省（区、市）补充检疫对象、调入省（区、市）要求检疫的其他植物病虫，同意调运。
委托机关（森林植物检疫专用章） 签发机关（森林植物检疫专用章）
检疫员
签证日期 年 月 日

注：1. 本证无调出地省级森林植物检疫专用章（受托办理本证的须再加盖承办签发机关的森林植物检疫专用章）和检疫员签字（盖章）无效。
2. 本证转让、涂改和重复使用无效。
3. 一车（船）一证，全程有效。

表 3-29　植物材料进场报验单

工程名称：　　　　　　　　　　　　　　　　合同号：

<table>
<tr><td colspan="6">致：
下列园林工程植物材料，经自查符合设计、植物检疫及苗木出圃要求，报请验证进场。
施工单位：　　　　　　　　　　　　　　　　日期：</td></tr>
<tr><td>植物名称</td><td>植物产地</td><td>规格</td><td>数量（株）</td><td>植物检疫证</td><td>进场日期</td></tr>
<tr><td></td><td></td><td></td><td></td><td></td><td></td></tr>
<tr><td></td><td></td><td></td><td></td><td></td><td></td></tr>
<tr><td colspan="6">监理意见：
日期：</td></tr>
</table>

12）隐蔽验收记录及施工日志（表 3-30 ～表 3-32）。

表 3-30　隐蔽工程检查记录

年　月　日　　　　　　　　　　　　　　　　编号

<table>
<tr><td colspan="2">工程名称</td><td colspan="2"></td><td>施工单位</td><td></td></tr>
<tr><td colspan="2">隐检项目</td><td colspan="2"></td><td>隐检部位</td><td></td></tr>
<tr><td>隐检内容</td><td colspan="5"></td></tr>
<tr><td>检查情况</td><td colspan="5"></td></tr>
<tr><td>处理意见</td><td colspan="5"></td></tr>
<tr><td rowspan="2">签字</td><td colspan="2">施工单位</td><td>监理单位</td><td>建设单位</td><td>设计单位</td></tr>
<tr><td colspan="2"></td><td></td><td></td><td></td></tr>
</table>

注：本表一式四份：建设单位、监理单位、设计单位、施工单位各一份。

表 3-31　隐蔽工程验收记录

编号：　　　　　　　　　　　　　　　　　　年　月　日

<table>
<tr><td colspan="3">单位工程名称</td><td colspan="2">建设单位</td><td colspan="2">施工单位</td></tr>
<tr><td colspan="3"></td><td colspan="2"></td><td colspan="2"></td></tr>
<tr><td rowspan="2">隐蔽工程内容</td><td colspan="2">分部分项工程名称</td><td>单位</td><td>数量</td><td colspan="2">图纸编号</td></tr>
<tr><td colspan="2"></td><td></td><td></td><td colspan="2"></td></tr>
<tr><td rowspan="2">验收意见</td><td>施工负责人</td><td colspan="5"></td></tr>
<tr><td>专职质量员</td><td colspan="5"></td></tr>
<tr><td rowspan="3">建设单位</td><td rowspan="3"></td><td rowspan="3">监理单位</td><td rowspan="3"></td><td rowspan="3">施工单位</td><td>施工负责人</td><td></td></tr>
<tr><td>质量员</td><td></td></tr>
<tr><td>验收日期</td><td></td></tr>
</table>

表3-32　施工日记

年　　月　　日　　　　气温　　　　　　　　气候
　　　　　　　　　　　最高　　　　　　　　上午（晴、多云、阴、小雨、大雨、雪）
星期　　　　　　　　　最低　　　　　　　　下午（晴、多云、阴、小雨、大雨、雪）

工种						
人数						
专业	施工情况					记录人
存在问题（包括工程进度与质量）： 记录人：						
处理情况： 记录人：						
其他（包括安全与停工等情况） 记录人：						
项目经理：						

13）竣工图。

14）质量检验评定资料（表3-33～表3-35）。

表3-33　园林单位工程质量综合评定表

工程名称：　　　　　施工单位：　　　　　开工日期：　年　月　日

工程面积：　　　　　绿化类型：　　　　　竣工日期：　年　月　日

项次	项目	评定情况	核定情况
1	分部工程评定汇总	共：　分部 其中：优良　分部 优良率：　% 土方造型分部质量等级： 绿化种植分部质量等级： 建筑小品分部质量等级： 其他分部质量等级：	
2	质量保证资料	共核查　项 其中：符合要求　项 经鉴定符合要求　项	
3	观感评定	应得　分 实得　分 得分率　%	
企业评定等级： 企业经理： 企业技术负责人： 公章： 年　月　日		园林绿化工程质量监督站 部门负责人 业主或主管 站长或主管 部门负责人 公章： 年　月　日	

制表人：　　　　　　　　年　　月　　日

表 3-34　栽植土分项工程质量检验评定表

工程名称：　　　　　　　　　　　　　　　　　　　　　　　　编号

保证项目	项目	质量情况
	栽植土壤及下水位深度，必须符合栽植植物的生长要求；严禁在栽植土层下有不透水层	

基本项目	项目	质量情况 1	2	3	4	5	6	7	8	9	10	等级
1	土地平整											
2	石砾、瓦砾等杂物含量											

允许偏差项目	项目		允许偏差（cm）	实测值（cm）1	2	3	4	5	6	7	8	9	10
1	栽植土深度和地下水位深度	大、中乔木	>100										
		小乔木和大、中灌木	>80										
		小灌木、宿根花卉	>60										
		草木地被、草坪、一二年生草花	>40										
2	栽植土块块径	大、中乔木	<8										
		小乔木和大、中灌木	<6										
		小灌木、宿根花卉	<4										
3	石砾、瓦砾等杂物块径	树木	<5										
		草坪、地被（草本、木本）、花卉	<1										
4	地形标准	全高 <1m	±5										
		全高 1～3m	±20										
		全高 >3m	±50										

检查结果		
	保证项目	合格
	基本项目	检查　项，其中优良　项，优良率　%
	允许偏差项目	实测　点，其中合格　点，合格率　%

评定等级		
	项目经理： 工长： 班组长： 承包商（公章）： 年　月　日	监理单位核定意见： 签名公章： 年　月　日

表 3-35　植物材料分项工程质量检验评定表

工程名称：　　　　　　　　　　　　　　　　　　编号：

保证项目	项目	质量情况
	植物材料的品种必须符合设计要求，严禁带有重要病、虫、草害	

基本项目	项目			质量情况 1	2	3	4	5	6	7	8	9	10	等级
	1	树木	姿态和生长势											
			病虫害											
			土球和裸根树根系											
	2	草块和草根茎												
	3	花苗、草木地被												

允许偏差项目	项目				允许偏差（cm）	实测值（cm）1	2	3	4	5	6	7	8	9	10
	1	乔木	胸径	<10cm	−1										
				10 ～ 20cm	−2										
				>20cm	−3										
			高度		+50，−20										
			蓬径		−20										
	2	灌木	高度		+50，−20										
			蓬径		−10										
			地径		−1										
	3	球类	蓬径和高度	<100cm	−10										
				100 ～ 200cm	−20										
				>200cm	−30										
	4	土球、裸根树木根系	直径		+0.2，−0.1										
			深度		+0.2D，−0.1D										

检查结果		
	保证项目	
	基本项目	检查　　项，其中优良　　项，优良率　　%
	允许偏差项目	实测　　点，其中合格　　点，合格率　　%

评定等级		
	项目经理： 工长： 班组长： 承包商（公章）： 年　月　日	监理单位核定意见： 签名公章： 年　月　日

15）工程竣工验收及资料（表 3-36～表 3-40）。

表 3-36　工程竣工报验单

工程名称：　　　　　　　　　　　　　　　　　　　　编号

致（监理公司）： 我方已按合同要求完成了工程，经自检合格，请予以检查和验收。 附件 承包单位（章）： 项目经理： 日　期：
审查意见： 经初步验收，该工程 1. 符合 / 不符合我国现行法律法规要求 2. 符合 / 不符合我国现行工程建设标准 3. 符合 / 不符合设计文件要求 4. 符合 / 不符合施工合同要求 综上所述，该工程初步验收合格 / 不合格，可以 / 不可以组织正式验收。 项目监理机构： 总监理工程师： 日　期：

表 3-37　绿化工程初验收单

工程名称	工程性质		绿地面积（m^2）	
	工程类别		园建面积（m^2）	
具体地段		水体面积（m^2）		
建设单位	设计单位		施工单位	
监理单位	质监单位			
开工日期	完成日期		实际工期	
工程完成情况				
确认意见	本工程确认于　年　月　日完工，并进行初检。			
初验意见				

施工单位	建设单位	设计单位
参加验收人员（签名）：	参加验收人员（签名）：	参加验收人员（签名）：
（盖章）	（盖章）	（盖章）
监理单位	质监单位	接收单位
参加验收人员（签名）：	参加验收人员（签名）：	参加验收人员（签名）：
（盖章）	（盖章）	（盖章）

注：1. 初检意见中应包含苗木的密度数量查验评定结果。

2. 工程性质为：新增或改造。

3. 工程类别为：道路绿化或庭院绿化。

表 3-38　绿化工程交接单

工程名称					
具体地段					
交接时间					
移交内容	绿地面积（m^2）		工程类别		
	园建面积（m^2）		工程性质		
	水体面积（m^2）				
参加交接单位意见	建设单位		施工单位		接管单位
	（盖章） 年　月　日		（盖章） 年　月　日		（盖章） 年　月　日
参加人员	单位名称			姓名	
备注					

表 3-39　绿化施工过程检查表

工程项目名称：　　　　　　　　　　　　　　　　地点：

项目负责人：			检查部门	
序号	检查项目	质量情况		
1	□种质土壤			
2	□种植地形			
3	□种植穴			
4	□施肥			
5	□苗木形态（规格、球径、病虫害、根系、枝叶）			
6	□苗木种植（复土、浇水、支撑）			
7	□修剪			
8	□养护			
9	□其他			
检查结论		日期：		

被检查人：　　　　　　　　　　检　查　人：

总包负责人：　　　　　　　　　分包负责人：　　　　　　　　日期：

注：在检查项□中打√。

表 3-40　绿化养护过程（检查）记录

工程项目名称：　　　　　　　　　　　　　　　　　　　　　　　编号：

日期	养护内容纪录								
	灌溉	排水	除草	施肥	修剪整形	支撑	围护	补植	说明
				品种、用量（kg）					
结论意见	项目负责人：　　年　月　日								

检查记录人：　　　　　　　　　　　　日期：　年　月　日

注：对实施的内容打√。

3.8.2　规范施工阶段的资料管理

1. 施工资料管理规定

1）施工资料应实行报验、报审管理。施工过程中形成的资料按报验、报审程序，通过相关施工单位审核后，方可报建设（监理）单位。

2）施工资料的报验、报审应有时限要求。工程相关各单位宜在合同中约定报验、报审资料的申报时间及审批时间，并约定应承担的责任。当无约定时，施工资料的申报、审批不得影响正常施工。

3）建筑工程实行总承包的，应在与分包单位签订施工合同中明确施工资料的移交套数、移交时间、质量要求及验收标准等。分包工程完工后，应将有关施工资料按约定移交。

承包单位提交的竣工资料必须由监理工程师审查，监理工程师审查完之后认为符合工程合同及有关规定，且准确、完整、真实，便可签证同意竣工验收的意见。

2. 施工资料管理流程

1）工程技术报审资料管理流程，如图 3-16 所示。

2）工程物资选样资料管理流程，如图 3-17 所示。

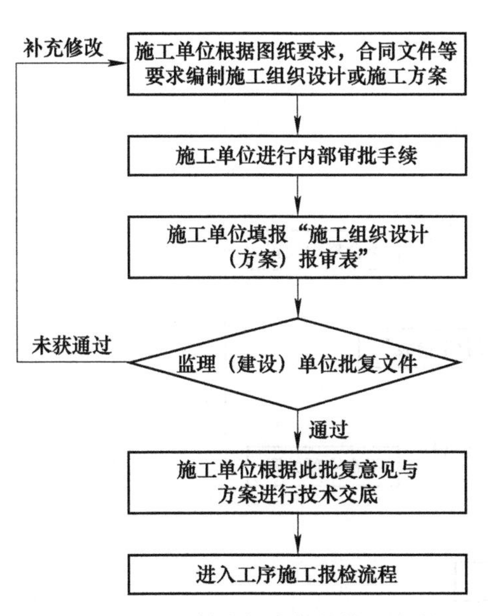

图 3-16　工程技术报审资料管理流程

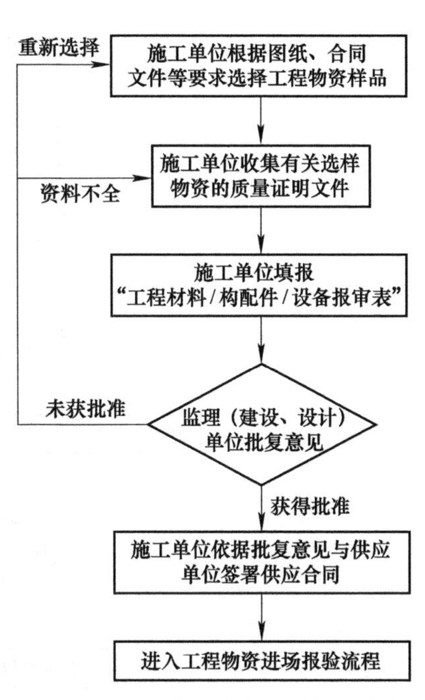

图 3-17　工程物资选样资料管理流程

3）物资进场报验资料管理流程，如图 3-18 所示。

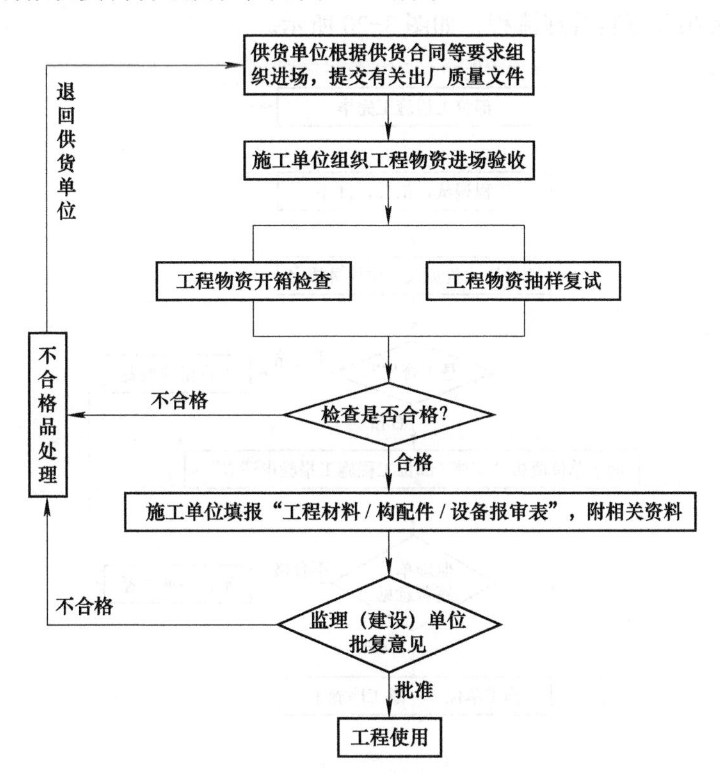

图 3-18　物资进场报验资料管理流程

4）工序施工报验资料管理流程，如图 3-19 所示。

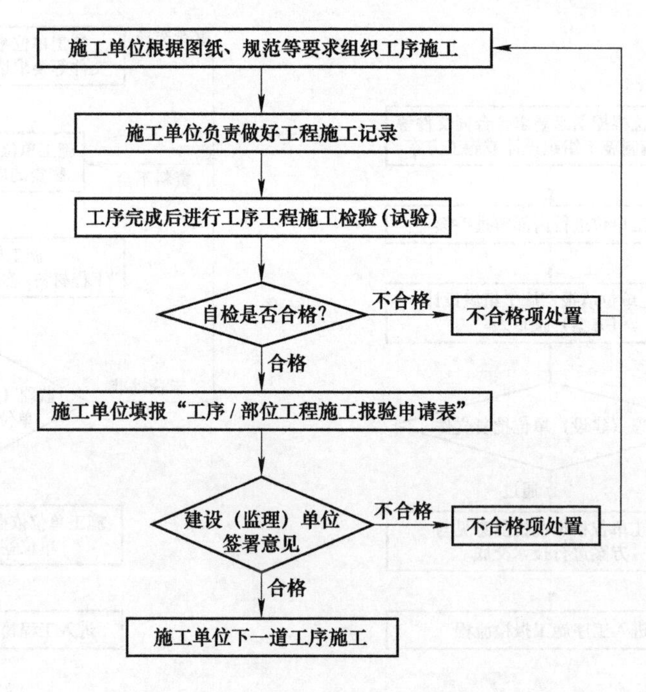

图 3-19　工序施工报验资料管理流程

5）部位工程报验资料管理流程，如图 3-20 所示。

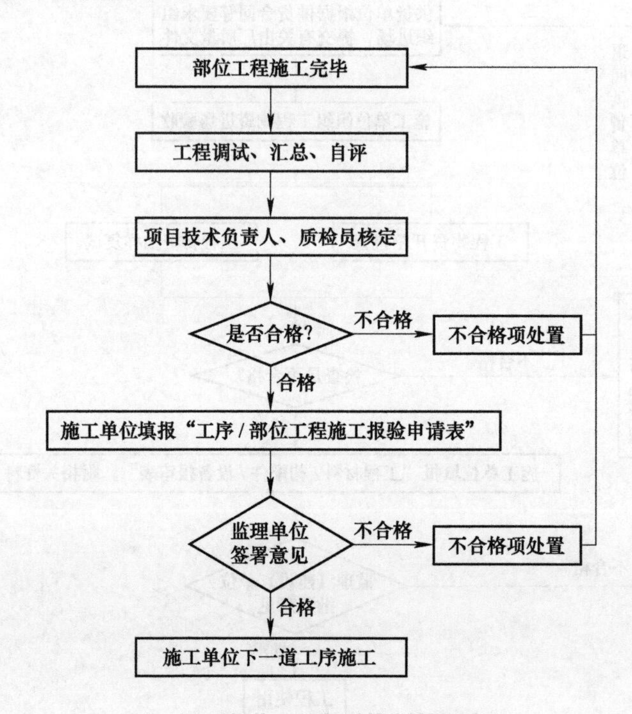

图 3-20　部位工程报验资料管理流程

6）竣工报验资料管理流程，如图 3-21 所示。

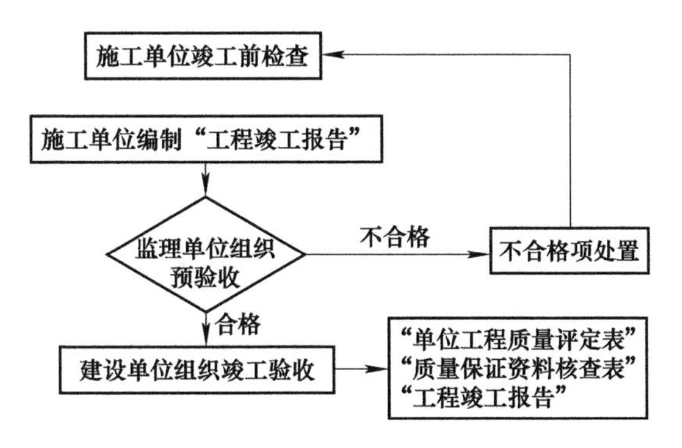

图 3-21　竣工报验资料管理流程

复习思考题

请根据不同的工程阶段说明园林工程施工资料管理的流程。

实训题　园林工程竣工资料管理实训

一、实训内容

结合一项园林工程，编制一份园林工程竣工资料。

二、实训步骤

1. 收集一项已完工的园林工程项目。
2. 根据竣工资料的内容要求，进行现场资料收集与整理。
3. 填写相关的竣工资料表格。
4. 根据资料内容，编制一份园林工程竣工资料。

项目 4 园林工程竣工验收与养护期管理

思考题

任务目标：本项目任务主要包括园林工程竣工验收和园林工程竣工养护期管理两方面。通过本项目学习理解工程竣工验收的意义、依据和标准，做好验收的准备工作，按照程序进行工程验收与工程项目的移交；掌握园林工程竣工验收程序，并学会养护期管理的方法。

核心知识与能力：园林工程竣工验收程序和园林工程绿地养护管理措施。

任务 4.1 园林工程竣工验收

园林工程竣工验收，是施工单位按照园林工程施工合同的约定，按设计文件和施工图纸规定的要求，完成全部施工任务并可供开放使用时，施工单位竣工验收后向建设单位办理的工程交接手续。

园林工程竣工验收是建设单位对施工单位承包的工程进行的最后施工验收，它是园林工程施工的最后环节，是施工管理体制的最后阶段。搞好工程竣工验收能尽早交付使用，尽快发挥其投资效益。凡是一个完整的园林建设项目，或是一个单位的园林工程建成后达到正常使用条件的，都要及时组织竣工验收。

4.1.1 收集园林工程竣工验收依据与标准

1. 园林工程竣工验收的依据

1）已被批准的计划任务书和相关文件。

2）双方签订的工程承包合同。

3）设计图纸和技术说明书。

4）图纸会审记录、设计变更与技术核定单。

5）国家和行业现行的施工技术验收规范。

6）有关施工记录和构件、材料等合格证明书。

7）园林管理条例及各种设计规范。

2. 园林工程竣工验收的标准

园林建设项目涉及多种门类、多种专业，且要求的标准也各异，加之其艺术性较强，故很难形成国家统一标准。因此对工程项目或一个单位工程的竣工验收，可采用分解成若干部分，再选用相应或相近工种的标准进行（各工程质量验评标准内容详见有关手册）。一般园林工程可分解为园林建筑工程和园林绿化工程两个部分。

（1）园林建筑工程的验收标准

凡园林工程、游憩、服务设施及娱乐设施等建筑应按照设计图纸、技术说明书、验收规范及建筑工程质量检验评定标准验收，并应符合合同所规定的工程内容及合格的工程质量标准。不论是游憩性建筑还是娱乐、生活设施建筑，不仅建筑物室内工程要全部完工，而且室外工程的明沟、踏步斜道、散水以及应平整建筑物周围场地，都要清除障碍物，并达到水通、电通、道路通。

（2）园林绿化工程的验收标准

施工项目内容、技术质量要求及验收规范和质量应达到设计要求、验收标准的规定及各工序质量的合格要求，如树木的成活率、草坪铺设的质量，以及花坛的品种、纹样等。

1）园林绿化工程施工环节较多，为了保证工作质量，做到预防为主，全面加强质量管理，就必须加强施工材料（种植材料、种植土、肥料）的验收。

2）必须强调中间工序验收的重要性，因为有的工序属于隐蔽性质。如挖种植穴、换土、施肥等，待工程完工后已无法进行检验。

3）工程竣工后，施工单位应进行施工资料整理，做出技术总结，提供有关文件，于一周前向验收部门提请验收。

4）验收时间。乔灌木种植原则上定为当年秋季或翌年春季进行。因为绿化植物是具有生命的，种植后须经过缓苗、发芽、长出枝条，经过一个年生长周期，达到成活方可验收。

5）绿化工程竣工后，是否合格、是否能移交建设单位，主要从以下几方面进行验收：树木成活率达到95%以上；强酸、强碱、干旱地区树木成活达到85%以上；花卉植株成活率达到95%；草坪无杂草，覆盖率达到95%；整形修剪符合设计要求；附属设施符合有关专业验收标准。

4.1.2 做好园林工程竣工验收的准备工作

竣工验收前的准备工作是竣工验收工作顺利进行的基础，施工单位、建设单位、设计单位和监理工程师均应尽早做好准备工作。

1. 工程档案资料的内容

园林工程档案资料是园林工程的永久性技术资料，是园林工程项目竣工验收的主要依据。因此，档案资料的准备必须符合有关规定及规范的要求，必须做到准确、齐全，能够满足园林建设工程进行维修、改造和扩建的需要。一般包括以下内容：

1）部门对该园林工程的有关技术决定文件。

2）竣工工程项目一览表，包括名称、位置、面积、特点等。

3）地质勘察资料。

4）工程竣工图，工程设计变更记录，施工变更洽商记录，设计图纸会审记录。

5）永久性水准点位置坐标记录、建筑物、构筑物沉降观察记录。

6）新工艺、新材料、新技术、新设备的试验、验收和鉴定记录。

7）工程质量事故发生情况和处理记录。

8）建筑物、构筑物、设备使用注意事项文件。

9）竣工验收申请报告、工程竣工验收报告、工程竣工验收证明书、工程养护与保修证书等。

2. 施工单位竣工验收前的自验

施工自验是施工单位资料准备完成后在项目经理组织领导下，由生产、技术、质量、预算、合同和有关的工长或施工员组成预验小组，根据国家或地区主管部门规定的竣工标准、施工图和设计要求、国家或地区规定的质量标准的要求，以及合同所规定的标准和要求，对竣工项目按工程内容分项地逐一进行的全面检查。预验小组成员按照自己所主管的内容进行自检，并做好记录，对不符合要求的部位和项目，要制定修补处理措施和标准，并限期修补好。施工单位在自验的基础上，对已查出的问题全部修补处理完毕后，项目经理应报请上级再进行复检，为正式验收做好充分准备。

1）种植材料、种植土和肥料等，均应在种植前由施工人员按其规格、质量分批进行验收。

2）工程中间验收的工序应符合下列规定：

① 种植植物的定点、放线应在挖穴、槽前进行。

② 种植的穴、槽应在未换种植土和施基肥前进行。

③ 更换种植土和施肥，应在挖穴、槽后进行。

④ 草坪和花卉的整地，应在播种或花苗（含球根）种植前进行。

⑤ 工程中间验收，应分别填写验收记录并签字。

3）工程竣工验收前，施工单位应于一周前向绿化质检部门提供下列有关文件：

① 土壤及水质化验报告。

② 工程中间验收记录。

③ 设计变更文件。

④ 竣工图和工程决算。

⑤ 外地购进苗木检验报告。

⑥ 附属设施用材合格证或试验报告。

⑦ 施工总结报告。

4.1.3　按照园林工程竣工验收程序验收

园林工程按上述的要求准备验收材料后，施工方要会同建设方、设计方、监理方一起对工程进行全面的验收。其程序一般如图 4-1 所示。

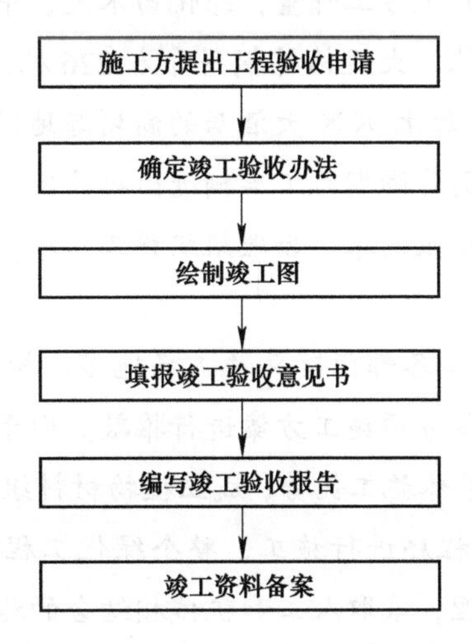

图 4-1　园林工程竣工验收程序

1．施工方提出工程验收申请

施工方根据已确定的验收时限，向建设方、设计方、监理方发出竣工验收申请函和工程报审单。其中报审单的格式见表 4-1，供参考。填好表后，要连同一份竣工验收总结，一并交与参加验收的单位。

（1）工程竣工验收报审单（表 4-1）

表 4-1 工程竣工验收报审单

工程名称：×× 绿化工程　　　　中标号：　　　　编号：

<table>
<tr><td>致 ×× 监理工程公司或
×× 园林局 ×× 工程监理处（所）：
我方已按合同要求完成了 ××× 绿化工程（标号：××）的施工任务，经自检合格，请予以检查和验收。
附：×× 绿化工程验收办法。

工程承包单位（章）：
项目经理（签字）：
日期：</td></tr>
<tr><td>审查意见
项目监理机构（章）：
总 / 专业监理工程师（签字）：
日期：</td></tr>
</table>

（2）工程竣工验收总结

×× 绿化工程竣工验收总结

×× 市 ×× 绿化工程位于 ××，总面积 29.1 万 m^2，该项目是 ×× 市城建的重点工程，同时也是利用国债建设 ×× 工程项目的景观工程子项目。主要工程项目为土方工程、绿化种植工程。本标段有较多的土方工作量，绿化苗木大、中、小规格相互搭配，其中胸径达 1m 以上的阔叶大乔木 229 株，大规格棕榈科乔木 226 株，中等规格乔木 1491 株，地被植物 23 万株，铺草坪 7 万 m^2，加上 ×× 大酒店的新增绿地的种植任务，整个工程工期紧、任务重、交叉施工单位多，特别是雨期施工车辆进出极为困难，给施工带来了一定的难度。项目部在上级领导的指导下，克服困难，合理组织施工工序，精心安排，高质、高效地完成了重点工程的施工任务。

在本次施工中，绿化施工与各部门交叉施工场地多，情况复杂，针对这一问题，项目部积极做好协调工作，认真对各分项施工方案进行推敲。由于绿化施工带有明显的时间性、季节性特点，项目部发挥绿化整体施工优势，成立植物材料组、施工组、养护组等八个部门，明确各部门职责，严格按监理程序进行施工，整个绿化工程做到随到随种，及时养护，同时对于较复杂的苗木及地形处理，采取人工和机械相结合的施工措施，保证了施工的质量。整个施工工程中，共投入机械台班 2000 余次，劳动力 1 万人次，种植了乔灌木 2000 余株，地被 20 余万袋，达到了上级领导对整个工程绿化、美化、生态化的要求，得到了上级领导和广大市民的一致好评。

在抓质量、赶进度的同时，项目部还做好了在市区中心的文明施工措施，严把文明关，对施工车辆进出工地的噪声、施工中产生的垃圾进行处理。施工人员持证上岗、工地纪律都做了严格的规定，并有专人落实检查，整个施工期间没有出现一起因文明施工不到位引发的投诉事件，以行动确保了施工质量和管理目标。

通过7个月的施工，绿化工程我方标段（含新增绿地）已全部施工完毕，乔灌木、地被种植搭配合理，长势良好。通过我方自检，已达到了优良竣工的要求，各项质检资料也同步完成。

××园林绿化工程有限责任公司

20××年××月××日

2. 确定竣工验收办法

根据竣工验收申请，建设方、设计方、监理方、施工方应依据国家或地方的有关验收标准及合同规定的条件，组织验收人员熟悉有关验收资料，制定出竣工验收的具体检查方案，并将检查项目的各子目及重点检查部位以表或图列示出来。同时准备好工具、记录、表格，以供检查中使用。

园林建设工程的竣工验收，要全面检查各分项工程。检查方法有以下几种：

1）直观检查。直观检查是一种定性的、客观的检查方法，采用手摸眼看的方式，需要有丰富经验和熟练掌握标准的人员才能胜任此工作。

2）测量检查。对上述能实测实量的工程部位都应通过实测实量获得真实数据。

3）现场点数检查。对各种设施、器具、配件、栽植苗木都应一一点数、查清、记录，如有遗缺不足的或质量不符合要求的，都应通知承接施工单位补齐或更换。

4）操纵动作。实际操作是对功能和性能检查的好办法，对一些水电设备、游乐设施等应启动检查。

上述检查之后，各专业组长应向总监理工程师报告检查验收结果。如果查出的问题较多较大，则应指令施工单位限期整改并再次进行复验。如果存在的问题仅属一般性的，除通知承接施工单位抓紧整修外，总监理工程师应编写预验报告一式三份，一份交施工单位供整改用，一份转交验收委员会，一份由监理单位自存。这份报告除文字论述外，还应附上全部验收检查的数据。

3. 绘制竣工图

园林工程竣工图是如实反映施工后园林工程的图纸。它是园林工程竣工验收的主要文件，园林工程在竣工前，应及时组织有关人员进行测定和绘制，以保证工程档案的完备和满足维修、管理养护、改造或扩建的需要。

（1）竣工图编制的依据

施工中未变更的原施工图、设计变更通知书、工程联系单、施工洽商记录、施工放样资料、隐蔽工程记录和工程质量检查记录等原始资料是竣工图编制的依据。

（2）竣工图编制的内容要求

1）施工中未发生设计变更，按图施工的施工项目，应由施工单位负责在原施工图纸上加盖“竣工图”标志，可作为竣工图使用。

2）施工过程中有一般性的设计变更，但没有较大结构性的或重要管线等方面的设计变更，而且可以在原施工图上进行修改和补充，可不再绘制新图纸，由施工单位在原施工图纸上注明修改和补充后的实际情况，并附以设计变更通知书、设计变更记录和施工说明。然后加盖“竣工图”标志，亦可作为竣工图使用。

3）施工过程中凡有重大变更或全部修改的，如结构形式改变、标高改变、平面布置改变等，不宜在原施工图上修改补充时，应重新绘制实测改变后的竣工图，施工单位负责人在新图上加盖“竣工图”标志，并附上记录和说明作为竣工图。

4）竣工图图面应整洁，字迹应清楚，不得用圆珠笔或其他易于褪色的墨水绘制。若不整洁，字迹不清，使用圆珠笔绘制等，施工单位必须按要求重新绘制。

竣工图必须做到与竣工的工程实际情况完全吻合；不论是原施工图还是新绘制的竣工图，都必须是新图纸；必须保证绘制质量完全符合技术档案的要求；坚持竣工图的校对、审核制度；重新绘制的竣工图，一定要经过施工单位主要技术负责人的审核签字。

4．填报竣工验收意见书

验收人根据施工方提供的材料对工程进行全面认真细致地验收，然后填写“竣工验收意见书”。意见书的参考样式见表4-2。

表4-2　××绿化工程竣工验收意见书

<table>
<tr><td colspan="2">工程名称</td><td></td><td>建设单位</td><td></td><td>开工日期</td><td colspan="2"></td></tr>
<tr><td colspan="2">工程地点</td><td></td><td>施工单位</td><td></td><td>竣工日期</td><td colspan="2"></td></tr>
<tr><td colspan="2">工程简要说明</td><td>建筑面积</td><td>造价</td><td></td><td>工程内容　绿化、土方</td><td>其他情况</td><td>无</td></tr>
<tr><td rowspan="3">工程档案资料情况</td><td>资料来源</td><td>建设单位资料</td><td>勘测单位资料</td><td>设计单位资料</td><td>监理单位资料</td><td colspan="2">施工单位资料</td></tr>
<tr><td>份数</td><td>立项批文规划许可证、施工许可证、中标通知书、质检申报书等四份</td><td>实际勘测结果（图纸、文字）</td><td>设计计算、图纸、变更通知、设计质检报告等四份</td><td>监理合同、监理规范、监理记录、工程质量评估报告等四份</td><td colspan="2">施工合同、施工组织设计、施工技术及管理资料、工程竣工报告等四份</td></tr>
<tr><td>审查结果</td><td>齐全、基本齐全或不齐全</td><td>齐全、基本齐全或不齐全</td><td>齐全、基本齐全或不齐全</td><td>齐全、基本齐全或不齐全</td><td colspan="2">齐全、基本齐全或不齐全</td></tr>
<tr><td>验收结论</td><td colspan="5">1. 设计方面：
2. 施工方面：
3. 其他：
（1）本工程共两部分，其中土方、种植、苗木达优良，优良率达　　%。
（2）项目在监理单位的指导下，工程质量得到保证，且各种资料齐全。
（3）综合本工程外观得分　　，实测得分　　，资料得分　　。
（4）本工程施工过程符合国家基本建设程序，无违反程序行为。</td><td colspan="2">工程质量评定结果：优良、合格或不合格</td></tr>
</table>

<table>
<tr><td colspan="2">施工单位</td><td colspan="2">建设单位</td><td colspan="2">设计单位</td><td colspan="2">勘测单位</td><td colspan="2">监理单位</td></tr>
<tr><td>负责人</td><td></td><td>负责人</td><td></td><td>负责人</td><td></td><td>负责人</td><td></td><td>负责人</td><td></td></tr>
<tr><td>代表</td><td></td><td>代表</td><td></td><td>代表</td><td></td><td>代表</td><td></td><td>代表</td><td></td></tr>
<tr><td colspan="2">（公章）</td><td colspan="2">（公章）</td><td colspan="2">（公章）</td><td colspan="2">（公章）</td><td colspan="2">（公章）</td></tr>
</table>

5．编写竣工验收报告

竣工验收报告是工程交工前一份重要的技术文件，由施工单位会同建设单位、设计单位等一同编制。报告中重点述明项目建设的基本情况，工程验收方法（用附件形式）等，并按照规定的格式编制。竣工验收报告格式见表 4-3。

表 4-3　××绿化工程竣工验收报告

<table>
<tr><td>工程名称</td><td colspan="3"></td></tr>
<tr><td>预估计算价</td><td></td><td>工程地址</td><td></td></tr>
<tr><td>工程规模（m²）</td><td></td><td>结构类型</td><td></td></tr>
<tr><td>勘测单位名称</td><td colspan="3"></td></tr>
<tr><td>设计单位名称</td><td colspan="3"></td></tr>
<tr><td>施工单位名称</td><td colspan="3"></td></tr>
<tr><td>监理单位名称</td><td colspan="3"></td></tr>
<tr><td>开工日期</td><td></td><td>竣工日期</td><td></td></tr>
<tr><td colspan="4">工程验收程序、内容、形式：
1. 程序：
2. 内容：
3. 形式：
4. 其他：</td></tr>
<tr><td>建设单位执行基本建设程序情况</td><td colspan="3"></td></tr>
<tr><td>对勘测单位的评价</td><td colspan="3"></td></tr>
<tr><td>对设计单位的评价</td><td colspan="3"></td></tr>
<tr><td>对施工单位的评价</td><td colspan="3"></td></tr>
<tr><td>对监理单位的评价</td><td colspan="3"></td></tr>
<tr><td>工程竣工验收意见</td><td colspan="3">建设单位（公章）
项目负责人：
单位负责人：
日期：</td></tr>
</table>

6．竣工资料备案

项目验收后，要将各种资料汇成表作为该工程竣工验收备案。备案表格式见表 4-4。

表 4-4　××绿化工程竣工验收备案表

建设单位名称			
备案日期			
工程名称			
工程地点			
工程规模（m^2）			
开工日期			
竣工验收日期			
施工许可证			
施工图审查意见			
勘测单位名称		资质等级	
设计单位名称		资质等级	
施工单位名称		资质等级	
监理单位名称		资质等级	
工程质量监督机构名称			
勘测单位意见		公章： 单位（项目）负责人： 日期：	
设计单位意见		公章： 单位（项目）负责人： 日期：	
施工单位意见		公章： 单位（项目）负责人： 日期：	
监理单位意见		公章： 单位（项目）负责人： 日期：	
建设单位意见		公章： 单位（项目）负责人： 日期：	

4.1.4　园林工程项目的移交

一个园林工程项目虽然通过了竣工验收，并且有的工程还获得验收委员会的高度评价，但实际使用中往往还是或多或少地会存在一些漏项以及工程质量方面的问题。因此监理工程师要与承接施工单位协商一个有关工程收尾的工作计划，以便确定正式办理移交。由于工程移交不能占用很长的时间，因而要求施工单位在办理移交工作中力求使建设单位的接管工作简便。当移交清点工作结束后，监理工程师签发工程竣工交接证书（表 4-5）。签发的工程交接书一式三份，建设单位、施工单位、监理单位各一份。工程交接结束后，施工单位应按照合同规定的时间抓紧完成对临时建筑设施的拆除和施工人员及机械的撤离工作，并做到工完场地清。

表 4-5 工程竣工交接证书

工程名称： 合同号： 监理单位：

致建设单位________________： 兹证明________号竣工报验单所报工程________已按合同和监理工程师的指示完成，从________开始，该工程进入保修阶段。 附注：（工程缺陷和未完成工程） 监理工程师： 日期：
总监理工程师意见： 签名： 日期：

注：本表一式三份，建设单位、施工单位和监理单位各一份。

园林工程的主要技术资料是工程档案的重要部分，因此在正式验收时就应提供完整的工程技术档案。由于工程技术档案有严格的要求，内容又很多，往往又不仅是承接施工单位一家的工作，所以常常只要求承接施工单位提供工程技术档案的核心部分，而整个工程档案的归整、装订则留在竣工验收结束后，由建设单位、施工单位和监理工程师共同来完成。在整理工程技术档案时，通常是建设单位与监理工程师将保存的资料交给施工单位来完成，最后交给监理工程师校对审阅，确认符合要求后，再由施工单位档案部门按要求装订成册，统一验收保存。此外，在整理档案时一定要注意份数备足，具体内容见表 4-6。至此，双方的义务履行完毕，合同终止。

表 4-6 移交技术资料内容一览表

工 程 阶 段	移交档案资料内容
项目准备 施工准备	1. 申请报告，批准文件 2. 有关建设项目的决议、批示及会议记录 3. 可行性研究、方案论证资料 4. 征用土地、拆迁、补偿等文件 5. 工程地质（含水文、气象）勘察报告 6. 概预算 7. 承包合同、协议书、招投标文件 8. 企业执照及规划、园林、消防、环保、劳动等部门审核文件

（续）

工 程 阶 段	移交档案资料内容
项目施工	1. 开工报告 2. 工程测量定位记录 3. 图纸会审、技术交底 4. 施工组织设计等 5. 基础处理、基础工程施工文件；隐蔽工程验收记录 6. 施工成本管理的有关资料 7. 工程变更通知单，技术核定单及材料代用单 8. 建筑材料、构件、设备质量保证单及进场试验单 9. 栽植的植物材料名单、栽植地点及数量清单 10. 各类植物材料已采取的养护措施及方法 11. 假山等非标工程的养护措施及方法 12. 古树名木的栽植地点、数量、已采取的保护措施 13. 水、电、暖、气等管线及设备安装施工记录和检查记录 14. 工程质量事故的调查报告及所采取措施的记录 15. 分项、单项工程质量评定记录 16. 项目工程质量检验评定及当地工程质量监督站核定的记录 17. 其他（如施工日志）等 18. 竣工验收申请报告
竣工验收	1. 竣工项目的验收报告 2. 竣工决算及审核文件 3. 竣工验收的会议文件 4. 竣工验收质量评价 5. 工程建设的总结报告 6. 工程建设中的照片、录像以及领导、名人的题词等 7. 竣工图（含土建、设备、水、电、暖、绿化种植等）

任务 4.2 园林工程养护期管理

园林工程的施工完工并不意味着工程的结束，一般情况下还要按照有关规定对所承包的工程进行一定时间的养护管理，以确保工程的质量合格。竣工后的养护期根据不同的工程情况，时间长短也不相同，一般为一年至三年。俗话说：“三分种植，七分养护”，就说明了养护管理的重要性，根据不同花木的生长需要与道路景观要求及时对花木进行浇水、施肥、除杂草、修剪、病虫害防治等工作，这是苗木赖以生存的根本。由于园林工程所特有的生物特点，对种植材料的养护管理就几乎成为所有园林工程养护计划的重中之重，要细致规划，认真实施，以确保所种植的植物的成活率。

4.2.1　落实园林工程绿地养护管理

1．浇水

土壤、水分、养分是植物生长必不可少的三个基本要素。在土壤已经选定的条件下，必须保证植物生长所需的水分和养分，以利尽快达到绿化设计要求和景观效果。

1）浇水原则。根据不同植物生物学特征（树木、花、草）、大小、季节、土壤干湿程度确定浇水原则。需做到及时、适量、浇足浇遍、不遗漏地块和植株。生长季节及春旱、秋旱季节适时增加叶面喷水，保证土壤湿度及空气湿度。

2）浇水量。根据不同植物种类、气候、季节和土壤干湿度确定浇水量。一般情况下，乔木 30 ～ 40kg/（次·株），灌木 20 ～ 30kg/（次·m^2），草坪 10 ～ 20kg/（次·m^2），以深度达根部、土壤不干涸为宜。气候特别干旱时，除浇足水外，还应增加叶面喷水保湿，减少蒸发。要求浇遍浇透。

3）浇水次数。开春后植物进入生长期，需及时补充水分。生长期应每天浇水，休眠期每半月或一个月浇水一次，花卉草坪应按生长要求适时浇水。各种植物年浇水次数不得少于下列值：乔木 6 次，灌木 8 次，草坪 18 次。

4）浇水时间。浇水时间集中于春、夏、秋末。夏季高温季节应在早晨或傍晚时进行，冬季宜午后进行。每年 9 月至次年 5 月，每周对灌木进行冲洗，确保植物叶面干净。

5）浇水方式。无论是用水车喷洒还是就近水桩灌溉，都必须随时满足浇水所用工具和机具运行良好。最好采用漫灌式浇水。土壤特别板结或泥沙过重，水分难于渗透时，应先松土，草坪打孔后再浇。肉质根及球根植物浇水以土壤不干燥为宜。

6）雨季注意防涝排洪，清除积水，防止树木倒伏，可用支柱扶正。

2．施肥

1）肥料是提供植物生长所需养分的有效途径。如果标段区域本身土质较差，空气污染较严重，土壤肥力较低，施肥工作尤为重要。

2）施肥主要有基肥和追肥，植物休眠期内施基肥，以充分发酵的有机肥最好。追肥可用复合有机肥或化肥。花灌木在开花后，要施一次以磷、钾为主的追肥。秋季采用磷、钾肥追肥。施肥以浇灌为主，结合叶面喷洒等辅助补肥措施施行。

3）施肥量。根据不同植物、生长状况、季节确定施肥量。应量少次多，以不造成肥害为度，同时满足植物对养分的需要。追肥因肥料种类而异，如尿素亩用量不超过 20kg。

4）施肥次数。根据不同植物、生长状况、季节确定施肥次数。例如，乔木基肥每年不少于 1 次，追肥每年不少于 2 次；草坪、花卉追肥 1 次，以生态有机肥为主，适量追加复合肥。追肥通常安排在春夏两季，如有特殊要求的应增加施肥次数。地被植物在每年春秋两季，结合浇水进行追肥，同时施用生态有机肥，并与灌沙打孔工作结合进行，以增加植物抗性及长势；秋冬季结合疏草、打孔、切根进行追肥、供水。

5）新栽植物或根系受伤植物，未愈合前不应施肥。

6）施肥应均匀，基肥应充分腐熟埋入土中；化肥忌干施，应充分溶解后再施用，用量应适当。

7）施肥应结合松土、浇水进行。

3. 松土、除草

1）松土。生长季节进行，用钉耙或窄锄将土挖松。应在草坪上打孔、打洞改善根系通气状况，调节土壤水分含量，提高施肥效果。打孔、灌沙、切根、疏草可结合进行，一般采用 50 穴 /m^2，穴间距为 15cm×5cm，穴径为 1.5 ～ 3.5cm，穴深为 8cm，每年不能少于 2 次。

2）除草。掌握“除早、除小、除了”的原则。绿地中应随时保持无杂草，保证土壤的纯净度。除草应尽量连根除掉。杂草采用人工除草与化学除草相结合，一旦发现杂草，除用人工挑除外，还可用化学除草剂，如用 2，4-D 类杀死双子叶杂草。应正确掌握和了解化学除草剂的药理，且应先试验后使用，以不造成药害为度。

4. 植物的修剪

1）修剪应根据植物的种类、习性、设计意图、养护季节、景观效果进行，修剪后要求达到均衡树势、调节生长，花繁叶茂的目的。

2）修剪包括剥芽、去蘖、摘心摘芽、疏枝、短截、疏花疏果、整形、更冠等技术方法，宜多疏少截。

3）修剪时间：落叶乔木在休眠期进行，灌木根据设计的景观造型要求及时进行。

4）修剪次数：乔木不能少于 1 次 / 年，造型色彩灌木 4 ～ 6 次 / 年，结合修剪清除枯枝落叶。球形植物的弧边要求修剪圆阔。

5）花灌木定型修剪：分枝点上树冠圆满，枝条分布均匀，生长健壮，花枝保留 3 ～ 5 个，随时清除侧枝、蘖芽。球形灌木，应保证树冠丰满，形状良好；色块灌木，按要求的高度修剪，平面平整，边角整齐；绿篱式灌木观赏的三方应整齐。

6）对某种植物进行重度修剪时或操作人员拿不准修剪尺度时，须通知监理工程师，在其指导下进行。

7）修剪须按技术操作规程和要求进行，同时须注意安全。

5. 病虫害防治

1）植物病虫害防治是保证植物不受伤害，达到理想的生长效果的重要措施，也是养护管理的重要措施，必须及时有效地抓好该项工作。

2）病虫害防治必须贯彻“预防为主，综合防治”的植保方针，病虫害发生率应控制在 5% 以下。尽可能采用综合防治技术，使用无污染、低毒性农药把农药污染控制在最低限度。

3）掌握植物病虫发生、发展规律，以防为主，以治为辅，将病虫控制和消灭在危害前。要求勤观察，早发现，及时防治。

① 食叶害虫，在幼虫盛卵期采用90%晶体敌百虫1000～1500倍液或25%溴氢菊酯400倍液喷施防治；冬季结合修剪整形剪除上部越冬虫口，并将剪下虫苞集中销毁。蚧壳虫、螨类、蚜虫等，先用40%氧化乐果1500～2000倍液或40%速蚧克、速补杀进行防治。

② 植物病害，结合乔、灌木具体树种针对进行。养护管理期，应加强管理，注意通风，控制温度，增施磷、钾肥，增强植物抗病能力，及时清除病枝、病叶。在药剂方面最好在早春发芽前喷2～3°Be石硫合剂，以杀死越冬病菌。发病期喷25%粉锈宁可湿性粉剂1500～2000倍液，或70%甲基托布津、50%代森铵等可湿性粉剂800～1500倍液，以控制蔓延，时间要求每隔10天左右一次，连续2～3次用药，防治锈病、白粉病、黑斑病等。力争做到预防为主，综合防治。

4）正确掌握各种农药的药理作用，充分阅读农药使用说明书，注意对症下药，配制准确，使用方法正确，混合充分，喷洒均匀，不造成药害。

5）防治及时、不拖不等。喷洒农药的频率：乔木3～5次/年，灌木5～8次/年，草坪8～12次/年。

6）农药应妥善保管，严格按操作规程使用，特别是道路绿化区域的特殊情况，应高度注意自身及他人安全。

6. 补栽

1）补栽应按设计方案使用同品种，同规格的苗木。补栽的苗木与已成形的苗木胸径相差不能超过0.5cm，灌木高度相差不能超过5cm，色块灌木高度相差不得超过10cm。

2）补栽须及时，不得拖延。原则上自行确定补栽时间，当工程管理部门通知补栽时，不得超过5个工作日。

3）补栽的植物须精心管理，保证成活，尽快达到同种植物标准。

7. 支柱、扶正

道路绿地车流量大，人员流动量大，常会发生因人为因素损坏植物的情况，加上绿地区域空旷，夏季风大难免造成树木倾斜和倒伏，因此支柱和扶正非常重要。

支柱所用材料为杉木杆或竹竿，一般采用三角支撑方式，原则上以树木不倾斜为准，不得影响行人通行，并且满足美观、整齐的要求。

扶正支柱须及时。及时发现倾斜的支柱、及时补充支柱，每月一次专项检查。采用铁丝作捆扎材料，一定时期应检查捆扎材料对树干有无伤害，如有伤害应及时拆除捆扎材料，另想他法。

8. 绿地清洁卫生

1）每天8：00—12：00，14：00—18：00必须有保洁人员在现场，随时保持绿地清洁、美观。

2）及时清除死树、枯枝。

3）及时清除垃圾、砖头、瓦块等废弃物。

4）及时清运剪下的植物残体。

4.2.2 掌握高温与寒冷季节绿地养护措施

1. 高温季节的养护技术措施

1）对于树冠过于庞大的苗木进行适当修剪、抽稀，减少苗木地上部分的水分蒸发。

2）于每日早晚进行喷水养护，保持苗木地上部分潮湿的环境，建立苗木生长小环境。

3）对一些不耐高温的新种苗木采取遮阴措施，但是傍晚必须扯开遮阴网，保证苗木在晚上吸收露水。

4）经常疏松苗木根部的土壤，如果有必要，一些大乔木还可以根部培土，保证土壤保水能力，保证植物生长需要。

2. 防寒养护技术措施

1）加强栽培管理：适量施肥与灌水促进树木健壮生长，叶量、叶面积增多，光合效率高，光合产物丰富，使树体内积累较多的营养物质和糖分，增强抗寒力。

2）灌冻水：在冬季土壤易冻结地区，于土地封冻前，灌足一次水，叫“灌冻水”。灌冻水的时间不宜过早，否则会影响抗寒力，一般以“日化夜冻期”灌为宜。

3）根茎培土：冻水灌完后结合封堰，在树木根茎部培起直径 80 ～ 100cm、高 40 ～ 50cm 的土堆，防止冻伤根茎和树根，同时也能减少土壤水分的蒸发。

4）复土：在土地封冻以前，可将枝条柔软，树身不高的乔灌木压倒固定，覆细土 40 ～ 50cm，轻轻压实。这样不仅能防冻，还可以保持枝干的温度，防止有枯梢。

5）架风障：为减低寒冷、干燥的大风吹袭，造成树木冻旱的伤害，可以在树的上方架设风障。风障高度要超过树高，并用竹竿或者杉木桩牢牢钉住，以防止大风吹倒，漏风处再用稻草在外披覆好，或在外抹泥填缝。

6）涂白：用石灰加石硫合剂对树干涂白，可以减少向阳面树皮因昼夜温差大引起的危害，还可以杀死一些越冬病虫害。

7）春灌：早春土地开始解冻后，及时灌水，经常保持土壤湿润，可以降低土温，防止春风吹袭使树枝干枯。

8）培月牙形土堆。在冬季土壤冻结，早春干燥多风的大陆性气候地区，有些树种虽耐寒，但易受冻旱的危害而出现枯梢。针对这种原因，对于不便弯压埋土防寒的植株，可于土壤封冻前，在树木的北面，培一向南弯曲，高 30 ～ 40cm 的月牙形土堆。早春可挡风，根系能提早吸水和生长，即可避免冻旱的发生。

9）卷干、包草：冬季湿冷的地方，对不耐寒的树木（尤其是新栽树），用草绳绕干或用稻草包裹主干和部分主枝来防寒。

复习思考题

1. 结合实际谈谈竣工图编制的内容要求。
2. 园林绿化工程的验收标准有哪些?
3. 结合实际谈谈园林工程竣工验收程序。
4. 园林工程竣工验收的依据和标准是什么?
5. 园林工程竣工验收时整理工程档案应汇总哪些资料?
6. 园林工程竣工验收应检查哪些内容?
7. 编制竣工图的依据及内容要求有哪些?
8. 竣工验收对技术资料的主要审查内容有哪些?

实训题 园林工程竣工验收实训

一、实训目的

结合本地园林工程实例，了解园林工程竣工验收的条件、内容、程序，学会编制竣工验收材料，熟悉竣工验收步骤，并明确如何编制竣工验收报告。

二、实训用具与材料

笔、纸、完整的招标文件一份，承包合同，设计图一份，竣工图一份。

三、实训内容

1. 了解并分析该园林工程的主要内容与建设程序。
2. 了解该工程的特色与施工工期。
3. 了解现场施工平面图。
4. 统计工程中所用的主要材料名称及型号等。
5. 编制竣工验收报告。

四、实践步骤和方法

1. 任课教师根据本地实际为学生提供一套园林工程设计图纸，一套竣工图，相应的招标投标文件和承包合同。

2. 将学生分为甲、乙、丙三组，模拟竣工验收的三方，甲组同学为建设单位，乙组同学为承包单位，丙组同学为监理单位。

3. 按照竣工验收的程序，模拟竣工验收的步骤。

4. 各组进行交换重复以上操作。

5. 各组进行讨论，归纳总结该工程的主要内容、建设程序、工程的特色与施工工期。

6. 完善竣工验收报告，由任课教师带领学生到实地进行讲解。

五、实训成果

按照提供工程图、招标投标文件、合同等的要求，按时准确地完成竣工验收报告一份。

参考文献

[1] 梁伊任. 园林建设工程 [M]. 北京：中国城市出版社，2000.

[2] 全国建筑施工企业项目经理培训教材编委会. 施工项目技术知识 [M]. 北京：中国建筑工业出版社，1997.

[3] 全国建筑施工企业项目经理培训教材编写委员会. 施工项目管理概论 [M]. 修订版. 北京：中国建筑工业出版社，2001.

[4] 蒲亚锋. 园林工程建设施工组织与管理 [M]. 北京：化学工业出版社，2005.

[5] 李力增. 工程项目施工组织与管理 [M]. 成都：西南交通大学出版社，2006.

[6] 吴立威. 园林工程招投标与预决算 [M]. 北京：高等教育出版社，2005.

[7] 吴为廉. 景园建筑工程规划与设计 [M]. 上海：同济大学出版社，1996.

[8] 吴立威. 园林工程施工组织与管理 [M]. 北京：机械工业出版社，2008.

[9] 张金锁. 工程项目管理学 [M]. 北京：科学技术出版社，2000.

[10] 成虎. 工程项目管理 [M]. 2 版. 北京：中国建筑工业出版社，2001.

[11] 杨劲，李世蓉. 建设项目进度控制 [M]. 北京：地震出版社，1993.

[12] 江景波，赵志缙. 建筑施工 [M]. 2 版. 上海：同济大学出版社，1990.

[13] 陈科东. 园林工程学 [M]. 沈阳：白山出版社，2003.

[14] 董三孝. 园林工程概预算与施工组织管理 [M]. 北京：中国林业出版社，2003.

[15] 浙江省建设厅城建处，杭州蓝天职业培训学校. 园林绿化质量检查 [M]. 北京：中国建筑工业出版社，2006.

[16] 萧默. 中国建筑艺术史 [M]. 北京：中国文物出版社，1999.

[17] 刘致平，王其明. 中国居住建筑简史：城市、住宅、园林 [M]. 2 版. 北京：中国建筑工业出版社，2000.

[18] 全国建筑施工企业项目经理培训教材编写委员会. 施工组织设计与进度管理 [M]. 修订版. 北京：中国建筑工业出版社，2001.

[19] 徐一骐. 工程建设标准化. 计量. 质量管理基础理论 [M]. 北京：中国建筑工业出版社，2000.

[20] 潘全祥. 施工现场十大员技术管理手册 [M]. 2 版. 北京：中国建筑工业出版社，2005.

[21] 张国栋. 园林绿化工程预决算应用手册 [M]. 北京：中国建筑工业出版社，2002.

[22] 丁文铎. 城市绿地喷灌 [M]. 北京：中国林业出版社，2001.

[23] 赵世伟. 园林工程景观设计：植物配置与栽培应用大全 [M]. 北京：中国农业科技出版社，2000.

[24] 天津方正园林建设监理中心. 园林建设工程施工监理手册 [M]. 北京：中国林业出版社，2006.

[25] 梁伊任. 园林建设工程招标投标概算预算与施工技术实务 [M]. 北京：中国城市出版社，2003.

[26] 宗景文. 园林工程景观设计与施工营建技术方法及质量验收评定标准规范大全 [M]. 北京：环境管理科学出版社，2007.

[27] 吕茫茫. 施工项目管理 [M]. 上海：同济大学出版社，2005.

[28] PHILLIPS L E. 公园设计与管理 [M]. 刘家辉，译. 北京：机械工业出版社，2003.